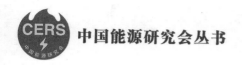

中国能源研究会丛书

HANDBOOK OF KEY ENERGY DATA 2023

能源数据简明手册

2023

林卫斌　主编

U0280942

中国水利水电出版社
www.waterpub.com.cn

·北京·

图书在版编目（ＣＩＰ）数据

能源数据简明手册. 2023 / 林卫斌主编. -- 北京：
中国水利水电出版社，2023.8
ISBN 978-7-5226-1724-4

Ⅰ. ①能… Ⅱ. ①林… Ⅲ. ①能源－统计数据－中国
－2023－手册 Ⅳ. ①TK01-66

中国国家版本馆CIP数据核字(2023)第141100号

书　　名	能源数据简明手册2023 NENGYUAN SHUJU JIANMING SHOUCE 2023
作　　者	林卫斌　主编
出版发行	中国水利水电出版社 （北京市海淀区玉渊潭南路1号D座　100038） 网址：www. waterpub. com. cn E - mail：sales@ mwr. gov. cn 电话：(010)68545888（营销中心）
经　　售	北京科水图书销售有限公司 电话：(010)68545874、63202643 全国各地新华书店和相关出版物销售网点
排　　版	中国水利水电出版社微机排版中心
印　　刷	清淞永业（天津）印刷有限公司
规　　格	120mm×190mm　32开本　7.625印张　178千字
版　　次	2023年8月第1版　2023年8月第1次印刷
印　　数	0001—2300册
定　　价	**100.00元**

前　言

　　为了简明扼要地把握中国能源发展脉络，编写出版《能源数据简明手册2023》，本书内容包括八个方面：能源消费、能源投资、能源资源、能源设施、能源生产、能源贸易、能源价格和能源效率。在每个方面的指标选取上，"抓大放小"，力争通过几个关键性指标反映能源发展概况。对于每个指标，设计了三个维度的数据：一是2000年以来的时间序列数据，试图帮助读者把握中国能源发展的脉络与趋势；二是国际比较数据，试图帮助读者把握国际能源发展的概况与国别差异；三是分地区数据，试图帮助读者把握中国能源发展的地区分布和差异。区别于国家统计局发布的能源统计年鉴和其他机构发布的相关数据手册，本手册的主要特点：一是突出简明性；二是具有一定的分析性。

　　本书所涉及的全国性统计数据，除特殊说明外，均未包括香港特别行政区、澳门特别行政区和台湾地区的数据。部分统计数据暂缺西藏自治区部分。

　　参与本手册编写的有吴嘉仪、邵长花、宁佳钧、高媛、王煜萍、秦锟等。受时间和水平所限，编写过程中难免有不足、疏漏甚至错误之处，敬请广大读者批评指正。

林卫斌

2023年5月

目　　录

第一章　能源消费

第一节　综合能源消费

表 1-1　能源消费总量

指标 年份	能源消费总量		人均能源消费量	日均能源消费量
	绝对量 /亿吨标准煤	增速 /%	绝对量 /(吨标准煤/人)	绝对量 /(万吨标准煤/日)
2000	14.70	4.5	1.16	402
2001	15.55	5.8	1.22	426
2002	16.96	9.0	1.32	465
2003	19.71	16.2	1.53	540
2004	23.03	16.8	1.78	629
2005	26.14	13.5	2.01	716
2006	28.65	9.6	2.19	785
2007	31.14	8.7	2.36	853
2008	32.06	2.9	2.42	876
2009	33.61	4.8	2.53	921
2010	36.06	7.3	2.70	988
2011	38.70	7.3	2.88	1060
2012	40.21	3.9	2.97	1099
2013	41.69	3.7	3.06	1142
2014	42.83	2.7	3.12	1174
2015	43.41	1.3	3.15	1189
2016	44.15	1.7	3.18	1206
2017	45.58	3.2	3.27	1249
2018	47.19	3.5	3.36	1293
2019	48.75	3.3	3.46	1336
2020	49.83	2.2	3.53	1361
2021	52.59	5.5	3.72	1441
2022	54.10	2.9	3.83	1482

注：标准量折算采用发电煤耗计算法；人均量根据年中人口数计算。

数据来源：2000—2021 年数据来自国家统计局《中国能源统计年鉴 2022》，2022 年数据来自国家统计局《中华人民共和国 2022 年国民经济和社会发展统计公报》。

表1-2　能源消费总量国际比较（BP）

单位：亿吨标准煤

年份 国家/地区	2015	2016	2017	2018	2019	2020	2021	2021 占比/%
世　界	187.15	189.81	193.48	198.85	200.57	192.57	203.21	100.0
OECD	79.50	79.85	80.53	81.84	81.06	75.18	78.49	38.6
非OECD	107.65	109.96	112.95	117.01	119.51	117.39	124.71	61.4
中　国	**43.37**	**44.10**	**45.62**	**47.42**	**49.14**	**50.39**	**53.83**	**26.5**
美　国	31.65	31.62	31.74	32.90	32.66	30.23	31.74	15.6
欧　盟	20.92	21.15	21.36	21.43	21.09	19.49	20.52	10.1
印　度	9.87	10.30	10.70	11.38	11.66	10.99	12.10	6.0
俄罗斯	9.69	9.90	9.96	10.33	10.25	9.86	10.69	5.3
日　本	6.51	6.43	6.51	6.47	6.32	5.85	6.06	3.0
加拿大	4.97	4.90	4.98	5.02	5.00	4.72	4.76	2.3
德　国	4.64	4.72	4.78	4.66	4.54	4.22	4.32	2.1
巴　西	4.23	4.14	4.18	4.20	4.29	4.10	4.29	2.1
韩　国	4.10	4.22	4.26	4.33	4.27	4.09	4.30	2.1
伊　朗	3.39	3.55	3.70	3.82	4.01	4.10	4.16	2.0
沙特阿拉伯	3.71	3.81	3.78	3.74	3.68	3.63	3.69	1.8
法　国	3.45	3.39	3.37	3.43	3.36	3.03	3.21	1.6
印度尼西亚	2.39	2.41	2.52	2.80	2.99	2.77	2.84	1.4
英　国	2.80	2.77	2.76	2.75	2.69	2.41	2.45	1.2
墨西哥	2.64	2.67	2.71	2.70	2.59	2.27	2.32	1.1
意大利	2.23	2.23	2.26	2.28	2.24	2.02	2.17	1.1
土耳其	1.97	2.07	2.20	2.17	2.25	2.20	2.33	1.1
澳大利亚	1.97	1.97	1.97	1.99	2.06	1.96	1.95	1.0

注：BP统计的是一次能源消费总量；标准量折算采用发电煤耗计算法。

数据来源：*BP Statistical Review of World Energy* 2022。

表 1-3 能源消费总量国际比较（IEA）

指标 国家/地区	能源消费总量		人均能源消费量	日均能源消费量
	绝对额 /亿吨标准煤	所占比例 /%	绝对额 /（吨标准煤/人）	绝对额 /（万吨标准煤/日）
世　界	199.61	100.0	2.57	5453.8
OECD	71.78	36.0	5.25	1961.3
非 OECD	123.59	61.9	1.94	3376.7
中　国	**50.03**	**25.1**	**3.55**	**1366.8**
美　国	29.13	14.6	8.82	796.0
印　度	12.47	6.2	0.90	340.7
俄罗斯	10.84	5.4	7.52	296.2
日　本	5.50	2.8	4.38	150.3
巴　西	4.09	2.0	1.92	111.8
加拿大	4.06	2.0	10.67	110.8
德　国	3.98	2.0	4.78	108.7
韩　国	3.95	2.0	7.62	107.8
伊　朗	3.77	1.9	4.49	103.0
印度尼西亚	3.34	1.7	1.22	91.2
沙特阿拉伯	3.29	1.6	9.43	89.9
法　国	3.12	1.6	4.59	85.3
墨西哥	2.53	1.3	1.99	69.1
英　国	2.20	1.1	3.28	60.1
土耳其	2.10	1.1	2.52	57.4
意大利	1.97	1.0	3.31	53.7
泰　国	1.90	1.0	2.73	52.0

注：本表数据为 2020 年数据；IEA 统计的是一次能源供应量，统计范围除了煤炭、石油、天然气、核电、水电和其他可再生能源等商品能源之外，还包括农村生物燃料等非商品能源；世界总量与 OECD 和非 OECD 总量之和的差值为国际航空与航海加油量；标准量折算采用电热当量计算法。

数据来源：IEA，*World Energy Balances*（2022 edition）。

表 1-4　分地区能源消费量

单位：万吨标准煤

年份 地区	2015	2016	2017	2018	2019	2020	2021
全　国	434113	441492	455827	471925	487488	498314	525896
地区加总	447317	455767	466867	473697	489327	495966	
北　京	6853	6962	7133	7270	7360	6762	7104
天　津	8260	8245	8011	7973	8241	8207	8194
河　北	29395	29794	30386	32185	32545	32783	—
山　西	19384	19401	20057	20199	20859	20981	21644
内蒙古	18927	19457	19915	23068	25346	27134	—
辽　宁	21667	21031	21556	22321	23749	24850	24931
吉　林	8142	8014	8015	7000	7132	7186	7288
黑龙江	12126	12280	12536	11436	11614	11525	12192
上　海	11387	11712	11859	11454	11696	11100	11683
江　苏	30235	31054	31430	31635	32526	32672	—
浙　江	19610	20276	21030	21675	22393	24660	26624
安　徽	12332	12695	13052	13295	13870	14698	15343
福　建	12180	12358	12890	13131	13718	13905	15158
江　西	8440	8747	8995	9286	9665	9809	10346
山　东	37945	38723	38684	40581	41390	42133	44611
河　南	23161	23117	22944	22659	22300	22752	23501
湖　北	16404	16850	17150	16682	17316	16251	18192
湖　南	15469	15804	16171	15544	16001	16275	16909
广　东	30145	31241	32342	33330	34142	32818	36221
广　西	9761	10092	10458	10823	11270	12081	13189
海　南	1938	2006	2103	2170	2264	2271	2446
重　庆	8934	9204	9545	8557	8889	7622	8046
四　川	19888	20362	20874	19916	20791	21186	22569
贵　州	9948	10227	10482	10036	10423	10621	11264
云　南	10357	10656	11091	11590	12158	12982	13426
陕　西	11716	12120	12537	12900	13478	13512	14515
甘　肃	7523	7334	7538	7823	7818	8126	8435
青　海	4134	4111	4202	4364	4235	4150	4694
宁　夏	5405	5592	6489	7100	7648	7933	8047
新　疆	15651	16302	17392	17694	18490	18982	—

注：标准量折算采用发电煤耗计算法。

数据来源：2015—2019 年数据来自国家统计局历年《中国能源统计年鉴》；2020 年和 2021 年的数据来自各省统计年鉴。

表1-5 一次能源消费结构

%

年份 \ 品种	煤炭	石油	天然气	一次电力及其他能源	
				核电	水电
2000	68.5	22.0	2.2	7.3	0.4	5.7
2001	68.0	21.2	2.4	8.4	0.4	6.7
2002	68.5	21.0	2.3	8.2	0.5	6.3
2003	70.2	20.1	2.3	7.4	0.8	5.3
2004	70.2	19.9	2.3	7.6	0.8	5.5
2005	72.4	17.8	2.4	7.4	0.7	5.4
2006	72.4	17.5	2.7	7.4	0.7	5.4
2007	72.5	17.0	3.0	7.5	0.7	5.4
2008	71.5	16.7	3.4	8.4	0.7	6.1
2009	71.6	16.4	3.5	8.5	0.7	6.0
2010	69.2	17.4	4.0	9.4	0.7	6.4
2011	70.2	16.8	4.6	8.4	0.7	5.7
2012	68.5	17.0	4.8	9.7	0.8	6.8
2013	67.4	17.1	5.3	10.2	0.8	6.9
2014	65.8	17.3	5.6	11.3	1.0	7.7
2015	63.8	18.4	5.8	12.0	1.2	8.0
2016	62.2	18.7	6.1	13.0	1.5	8.2
2017	60.6	18.9	6.9	13.6	1.6	7.9
2018	59.0	18.9	7.6	14.5	1.9	7.8
2019	57.7	19.0	8.0	15.3	2.1	8.0
2020	56.9	18.8	8.4	15.9	2.2	8.1
2021	55.9	18.6	8.8	16.7	2.3	7.5
2022	56.2	17.9	8.5	17.4	—	—

注：标准量折算采用发电煤耗计算法。

数据来源：2000—2021 年数据来自国家统计局《中国能源统计年鉴2022》；2022 年数据来自国家统计局《中华人民共和国 2022 年国民经济和社会发展统计公报》。

表 1-6 一次能源消费结构国际比较（BP）

%

品种 国家/地区	煤炭	石油	天然气	核电	水电	其他可再生能源
世 界	26.9	31.0	24.4	6.8	4.3	6.7
OECD	12.9	36.4	28.1	5.9	7.5	9.2
非OECD	35.7	27.5	22.1	7.3	2.2	5.1
中 国	**54.7**	**19.4**	**8.6**	**7.8**	**2.3**	**7.2**
美 国	11.4	38.0	32.0	2.6	8.0	8.0
欧 盟	11.2	35.5	23.8	5.4	11.0	13.2
印 度	56.7	26.5	6.3	4.3	1.1	5.0
俄罗斯	10.9	21.4	54.6	6.5	6.4	0.2
日 本	27.0	37.3	21.0	4.1	3.1	7.4
加拿大	3.4	29.9	30.8	25.7	6.0	4.1
德 国	16.7	33.1	25.8	1.4	4.9	18.0
巴 西	5.7	35.5	11.6	27.2	1.1	19.0
韩 国	24.1	42.9	17.9	0.2	11.4	3.5
伊 朗	0.6	26.6	71.2	1.2	0.3	0.1
沙特阿拉伯	—	60.1	38.5	1.3	—	0.1
法 国	2.5	30.9	16.5	5.8	36.5	7.9
印度尼西亚	39.5	34.1	16.1	2.8	—	7.6
英 国	2.9	34.8	38.6	0.7	5.8	17.3
墨西哥	3.4	37.7	46.8	4.8	1.6	5.7
意大利	3.6	37.0	41.1	6.4	—	12.0
土耳其	25.5	27.7	30.2	7.7	—	8.9
澳大利亚	28.5	33.8	24.8	2.6	—	10.3

注： 本表数据为 2021 年数据。

数据来源： 根据 *BP Statistical Review of World Energy* 2022 相关数据计算得到。

表 1-7 一次能源消费结构国际比较（IEA）

%

行业\国家/地区	煤炭	石油	天然气	核电	水电	可再生能源	生物质燃料及其他
世　界	26.79	29.47	23.68	4.99	2.67	2.54	9.84
OECD	13.04	34.08	30.65	9.64	2.57	3.41	6.59
非 OECD	35.70	27.80	20.44	2.46	2.82	2.11	12.06
中　国	**60.72**	**18.89**	**7.58**	**2.73**	**3.25**	**3.05**	**3.82**
美　国	10.88	34.46	35.28	10.52	1.21	2.56	4.89
印　度	43.46	23.77	6.03	1.29	1.59	1.41	22.45
俄罗斯	15.10	19.74	53.88	7.45	2.41	0.05	1.36
日　本	27.03	40.48	23.37	4.79	1.77	2.93	4.23
巴　西	4.90	34.50	10.50	1.28	11.91	2.40	33.75
加拿大	3.23	34.30	39.68	9.02	11.72	1.25	3.77
德　国	16.00	33.88	26.80	6.03	0.57	5.98	11.33
韩　国	26.90	36.69	17.92	15.12	0.12	0.88	2.35
伊　朗	0.38	28.86	69.45	0.57	0.52	0.04	0.20
印度尼西亚	29.28	29.30	14.61	0.00	11.49	11.49	14.36
沙特阿拉伯	0.00	64.87	0.00	35.10	0.00	0.03	0.00
法　国	2.43	28.52	15.99	42.24	2.44	2.42	7.73
墨西哥	4.98	39.01	45.32	1.20	1.30	3.04	4.96
英　国	3.58	32.04	40.22	8.51	0.38	4.98	9.30
土耳其	27.21	28.36	27.03	0.00	4.57	10.29	2.57
意大利	4.03	33.88	45.41	0.00	2.80	6.85	10.93
泰　国	12.83	41.38	25.93	0.00	0.30	0.54	17.28

注： 本表数据为 2020 年数据。

数据来源： IEA，*World Energy Balances*（2022 edition）。

表 1-8　分品种终端能源消费结构国际比较

%

行业 国家/地区	煤炭	石油	天然气	电力	热力	可再生能源及其他
世　界	9.65	38.48	16.51	20.46	3.23	11.50
OECD	2.54	44.69	21.36	23.01	1.66	6.43
非 OECD	14.53	31.49	14.36	19.94	4.36	15.21
中　国	**26.41**	**26.38**	**8.82**	**26.91**	**5.55**	**5.85**
美　国	0.91	45.71	24.40	22.23	0.41	5.73
印　度	16.03	32.45	5.55	17.04	0.00	28.93
俄罗斯	6.13	25.63	34.46	12.74	19.98	1.06
日　本	7.12	50.39	10.20	29.67	0.21	2.41
巴　西	3.08	41.47	4.82	19.64	0.00	30.99
德　国	2.68	40.36	25.41	19.29	4.20	8.06
伊　朗	0.41	32.70	54.88	11.75	0.00	0.26
加拿大	1.35	43.22	26.21	23.66	0.22	5.34
韩　国	4.20	53.09	12.09	25.24	3.08	2.30
印度尼西亚	13.36	40.57	11.09	15.64	0.00	17.90
沙特阿拉伯	0.00	65.98	16.80	17.21	0.00	0.01
法　国	0.78	42.64	19.93	25.63	2.60	8.42
英　国	1.66	39.33	33.13	21.15	1.10	3.63
意大利	0.67	35.57	30.21	22.03	3.61	7.91
墨西哥	11.39	37.11	24.79	20.68	1.01	5.02
土耳其	2.47	55.68	11.64	23.09	0.00	7.12

注：本表数据为 2020 年数据。

数据来源：根据 IEA，*World Energy Balances*（2022 edition）相关数据计算得到。

表1-9 分行业能源消费量

单位：万吨标准煤

年份	农、林、牧、渔业	工业	建筑业	交通运输、仓储和邮政业	批发、零售业和住宿、餐饮业	其他行业	居民生活
2000	4233	103014	2207	11447	3251	6118	16695
2001	4553	109725	2283	11834	3500	6352	17301
2002	4929	119918	2457	12852	3917	6861	18642
2003	5683	139350	2770	14955	4723	8153	21448
2004	6392	163394	3183	17775	5499	9294	24745
2005	6860	187914	3486	19136	5917	10484	27573
2006	7154	206590	3836	20926	6358	11500	30102
2007	7068	225835	4203	22419	6732	12293	32891
2008	6873	232079	3874	23997	6885	13215	33689
2009	6978	243567	4712	24460	7303	13933	35173
2010	7266	261377	5533	27102	7847	15052	36470
2011	7675	278048	6052	29694	9147	16843	39584
2012	7804	284712	6337	32561	10012	18407	42306
2013	8055	291130	7017	34819	10598	19763	45531
2014	8020	298449	7377	36343	10864	20069	47211
2015	8271	295953	7545	38510	11447	21925	50461
2016	8585	295615	7847	39883	12042	23185	54336
2017	8945	302308	8243	42140	12456	24277	57459
2018	8781	311151	8685	43617	12994	26262	60436
2019	9018	322503	9142	43909	13624	27582	61709
2020	9263	332625	9320	41309	13171	28245	64380
2021	9661	348551	9608	43935	14898	31762	67481

注：标准量折算采用发电煤耗计算法。

数据来源：国家统计局历年《中国能源统计年鉴》。

表 1-10　分行业能源消费结构

%

行业＼年份	农、林、牧、渔业	工业	建筑业	交通运输、仓储和邮政业	批发、零售业和住宿、餐饮业	其他行业	居民生活
2000	2.9	70.1	1.5	7.8	2.2	4.2	11.4
2001	2.9	70.5	1.5	7.6	2.3	4.1	11.1
2002	2.9	70.7	1.4	7.6	2.3	4.0	11.0
2003	2.9	70.7	1.4	7.6	2.4	4.1	10.9
2004	2.8	71.0	1.4	7.7	2.4	4.0	10.7
2005	2.6	71.9	1.3	7.3	2.3	4.0	10.5
2006	2.5	72.1	1.3	7.3	2.2	4.0	10.5
2007	2.3	72.5	1.3	7.2	2.2	3.9	10.6
2008	2.1	72.4	1.2	7.5	2.1	4.1	10.5
2009	2.1	72.5	1.4	7.3	2.2	4.1	10.5
2010	2.0	72.5	1.5	7.5	2.2	4.2	10.1
2011	2.0	71.8	1.6	7.7	2.4	4.4	10.2
2012	1.9	70.8	1.6	8.1	2.5	4.6	10.5
2013	1.9	69.8	1.7	8.4	2.5	4.7	10.9
2014	1.9	69.7	1.7	8.5	2.5	4.7	11.0
2015	1.9	68.2	1.7	8.9	2.6	5.1	11.6
2016	1.9	67.0	1.8	9.0	2.7	5.3	12.3
2017	2.0	66.3	1.8	9.2	2.7	5.3	12.6
2018	1.9	65.9	1.8	9.2	2.8	5.6	12.8
2019	1.8	66.2	1.9	9.0	2.8	5.7	12.7
2020	1.9	66.8	1.9	8.3	2.6	5.7	12.9
2021	1.8	66.3	1.8	8.4	2.8	6.0	12.8

注：标准量折算采用发电煤耗法计算。

数据来源：根据表 1-9 数据计算而来。

表 1-11 分行业终端能源消费量（发电煤耗计算法）

单位：万吨标准煤

年份	农、林、牧、渔业	工业	建筑业	交通运输、仓储和邮政业	批发、零售业和住宿、餐饮业	其他行业	居民生活	总计
2000	4233	96871	2207	11101	3251	6118	16695	140476
2001	4553	103253	2283	11491	3500	6352	17301	148733
2002	4929	112725	2457	12509	3917	6861	18642	162041
2003	5683	131565	2770	14643	4723	8153	21448	188986
2004	6392	154802	3183	17452	5499	9294	24745	221367
2005	6860	177775	3486	18783	5917	10484	27573	250877
2006	7154	195582	3836	20525	6358	11500	30102	275058
2007	7068	214473	4203	22015	6732	12293	32891	299675
2008	6873	219516	3874	23560	6885	13215	33689	307612
2009	6978	230042	4712	23980	7303	13933	35173	322120
2010	7267	238652	5533	26648	7847	15052	36470	337469
2011	7675	264698	6052	29694	9147	16843	39584	373296
2012	7804	269900	6337	32122	10012	18407	42306	386889
2013	8055	278513	7017	34337	10598	19763	45531	403814
2014	8020	285948	7377	35966	10864	20069	47211	415456
2015	8271	282291	7545	38169	11447	21925	50461	420110
2016	8585	282808	7847	39539	12042	23185	54336	428342
2017	8945	289098	8243	41778	12456	24277	57459	442255
2018	8781	300558	8685	43304	12994	26262	60436	461020
2019	9018	311542	9142	43602	13624	27582	61709	476219
2020	9263	322677	9320	41099	13171	28245	64380	488156
2021	9661	337621	9608	43713	14898	31762	67481	514744

数据来源：国家统计局历年《中国能源统计年鉴》。

表 1-12　分行业终端能源消费结构（发电煤耗计算法）

%

年份\行业	农、林、牧、渔业	工业	建筑业	交通运输、仓储和邮政业	批发、零售业和住宿、餐饮业	其他行业	居民生活
2000	3.0	69.0	1.6	7.9	2.3	4.4	11.9
2001	3.1	69.4	1.5	7.7	2.4	4.3	11.6
2002	3.0	69.6	1.5	7.7	2.4	4.2	11.5
2003	3.0	69.6	1.5	7.7	2.5	4.3	11.3
2004	2.9	69.9	1.4	7.9	2.5	4.2	11.2
2005	2.7	70.9	1.4	7.5	2.4	4.2	11.0
2006	2.6	71.1	1.4	7.5	2.3	4.2	10.9
2007	2.4	71.6	1.4	7.3	2.2	4.1	11.0
2008	2.2	71.4	1.3	7.7	2.2	4.3	11.0
2009	2.2	71.4	1.5	7.4	2.3	4.3	10.9
2010	2.2	70.7	1.6	7.9	2.3	4.5	10.8
2011	2.1	70.9	1.6	8.0	2.5	4.5	10.6
2012	2.0	69.8	1.6	8.3	2.6	4.8	10.9
2013	2.0	69.0	1.7	8.5	2.6	4.9	11.3
2014	1.9	68.8	1.8	8.7	2.6	4.8	11.4
2015	2.0	67.2	1.8	9.1	2.7	5.2	12.0
2016	2.0	66.0	1.8	9.2	2.8	5.4	12.7
2017	2.0	65.4	1.9	9.4	2.8	5.5	13.0
2018	1.9	65.2	1.9	9.4	2.8	5.7	13.1
2019	1.9	65.4	1.9	9.2	2.9	5.8	13.0
2020	1.9	66.1	1.9	8.4	2.7	5.8	13.2
2021	1.9	65.6	1.9	8.5	2.9	6.2	13.1

数据来源：根据表 1-11 数据计算而来。

表 1-13 分行业终端能源消费量（电热当量计算法）

单位：万吨标准煤

行业 年份	农、林、牧、渔业	工业	建筑业	交通运输、仓储和邮政业	批发、零售业和住宿、餐饮业	其他行业	居民生活	总计
2000	2867	71874	1796	10369	2162	4482	12623	106173
2001	3085	76475	1890	10699	2324	4644	12905	112022
2002	3427	83453	2073	11750	2662	5026	13959	122349
2003	4005	98387	2332	13646	3218	5905	15988	143480
2004	4564	117062	2697	16366	3790	6779	18469	169726
2005	5029	135682	2927	17752	4110	7261	20007	192767
2006	5237	148012	3201	19418	4356	7819	21499	209541
2007	5116	162606	3509	20812	4626	8401	23087	228156
2008	4980	167230	3083	22314	4664	9036	23365	234674
2009	5047	176789	3836	22691	4918	9331	24165	246777
2010	5334	182649	4577	25195	5291	10201	26330	259577
2011	5702	202369	4938	27644	6219	11479	28634	286985
2012	5876	206447	5179	30380	6793	12537	30468	297681
2013	6119	210468	5744	32450	7060	13358	32355	307555
2014	6138	213234	6037	33999	7158	13354	33883	313802
2015	6366	211658	6266	36108	7560	14747	36604	319310
2016	6606	210439	6532	37271	7830	15221	39076	322975
2017	6851	212757	6837	39252	7955	15583	41300	330536
2018	6587	219789	7117	40464	7873	16168	42677	340675
2019	6666	228171	7397	40518	8015	16557	42987	350312
2020	6773	236674	7550	38033	7623	16835	44426	357913
2021	6912	245730	7657	40281	8235	18491	46338	373645

数据来源： 国家统计局历年《中国能源统计年鉴》。

表 1-14　分行业终端能源消费结构（电热当量计算法）

%

行业 年份	农、林、牧、渔业	工业	建筑业	交通运输、仓储和邮政业	批发、零售业和住宿、餐饮业	其他行业	居民生活
2000	2.7	67.7	1.7	9.8	2.0	4.2	11.9
2001	2.8	68.3	1.7	9.6	2.1	4.1	11.5
2002	2.8	68.2	1.7	9.6	2.2	4.1	11.4
2003	2.8	68.6	1.6	9.5	2.2	4.1	11.1
2004	2.7	69.0	1.6	9.6	2.2	4.0	10.9
2005	2.6	70.4	1.5	9.2	2.1	3.8	10.4
2006	2.5	70.6	1.5	9.3	2.1	3.7	10.3
2007	2.2	71.3	1.5	9.1	2.0	3.7	10.1
2008	2.1	71.3	1.3	9.5	2.0	3.9	10.0
2009	2.0	71.6	1.6	9.2	2.0	3.8	9.8
2010	2.1	70.4	1.8	9.7	2.0	3.9	10.1
2011	2.0	70.5	1.7	9.6	2.2	4.0	10.0
2012	2.0	69.4	1.7	10.2	2.3	4.2	10.2
2013	2.0	68.4	1.9	10.6	2.3	4.3	10.5
2014	2.0	68.0	1.9	10.8	2.3	4.3	10.8
2015	2.0	66.3	2.0	11.3	2.4	4.6	11.5
2016	2.0	65.2	2.0	11.5	2.4	4.7	12.1
2017	2.1	64.4	2.1	11.9	2.4	4.7	12.5
2018	1.9	64.5	2.1	11.9	2.3	4.7	12.5
2019	1.9	65.1	2.1	11.6	2.3	4.7	12.3
2020	1.9	66.1	2.1	10.6	2.1	4.7	12.4
2021	1.8	65.8	2.0	10.8	2.2	4.9	12.4

数据来源：根据表 1-13 数据计算得到。

表 1-15　分部门终端能源消费量国际比较

单位：万吨标准煤

行业 国家/地区	工业	交通运输	生活	商业和公 共服务业	其他行业	总计
世　界	410646	358343	302240	108390	188929	1368549
OECD	113610	158515	100378	66037	66881	505421
非 OECD	297036	157425	201862	42353	122048	820724
中　国	**153374**	**46152**	**52230**	**12495**	**47660**	**311911**
美　国	37865	78461	37727	28703	26130	208886
印　度	32359	13231	22899	2800	13981	85270
俄罗斯	20492	12926	19666	5447	13811	72341
日　本	10743	8929	6295	6648	4973	37588
巴　西	11031	11513	4061	1728	3549	31883
加拿大	6417	8074	4755	3924	3997	27167
德　国	7747	7343	8106	3811	3569	30576
韩　国	6520	4892	2983	2932	7641	24968
伊　朗	6898	6391	7598	1582	5347	27816
印度尼西亚	7967	6879	4623	863	1331	21663
沙特阿拉伯	5095	5846	1910	1394	7513	21757
法　国	3688	5467	5197	2853	2524	19728
墨西哥	4396	5180	2328	581	1293	13777
英　国	2871	4728	5178	2231	1295	16303
土耳其	4702	3771	3292	1983	1630	15378
意大利	3423	4142	4369	2027	1398	15358
泰　国	4470	3815	1269	655	3611	13820

注：本表数据为 2020 年数据；工业终端能源消费量不包括能源工业自用量。

数据来源：IEA，*World Energy Balances*（2022 edition）。

表 1-16　分部门终端能源消费结构国际比较

%

行业 国家/地区	工业	交通运输	生活	商业和公 共服务业	其他行业
世　界	30.0	26.2	22.1	7.9	13.8
OECD	22.5	31.4	19.9	13.1	13.2
非 OECD	36.2	19.2	24.6	5.2	14.9
中　国	**49.2**	**14.8**	**16.7**	**4.0**	**15.3**
美　国	18.1	37.6	18.1	13.7	12.5
印　度	37.9	15.5	26.9	3.3	16.4
俄罗斯	28.3	17.9	27.2	7.5	19.1
日　本	28.6	23.8	16.7	17.7	13.2
巴　西	34.6	36.1	12.7	5.4	11.1
加拿大	23.6	29.7	17.5	14.4	14.7
德　国	25.3	24.0	26.5	12.5	11.7
韩　国	26.1	19.6	11.9	11.7	30.6
伊　朗	24.8	23.0	27.3	5.7	19.2
印度尼西亚	36.8	31.8	21.3	4.0	6.1
沙特阿拉伯	23.4	26.9	8.8	6.4	34.5
法　国	18.7	27.7	26.3	14.5	12.8
墨西哥	31.9	37.6	16.9	4.2	9.4
英　国	17.6	29.0	31.8	13.7	7.9
土耳其	30.6	24.5	21.4	12.9	10.6
意大利	22.3	27.0	28.4	13.2	9.1
泰　国	32.3	27.6	9.2	4.7	26.1

注：本表数据为 2020 年数据；工业终端能源消费量不包括能源工业自用量。

数据来源：根据表 1-15 数据计算得到。

第二节 煤 炭 消 费

表 1-17 煤炭消费总量

年份	煤炭消费总量		人均煤炭消费量	日均煤炭消费量
	绝对额 /亿吨	增速 /%	绝对额 /（吨/人）	绝对额 /（万吨/日）
2000	13.6	1.3	1.08	371
2001	14.3	5.5	1.13	392
2002	15.4	7.3	1.20	421
2003	18.4	19.7	1.43	504
2004	21.2	15.5	1.64	580
2005	24.3	14.7	1.87	667
2006	27.1	11.2	2.06	741
2007	29.0	7.3	2.20	796
2008	30.1	3.5	2.27	821
2009	32.5	8.1	2.44	890
2010	34.9	7.4	2.61	956
2011	38.9	11.5	2.89	1066
2012	41.2	5.8	3.04	1125
2013	42.4	3.1	3.11	1163
2014	41.4	−2.5	3.02	1133
2015	40.0	−3.3	2.90	1095
2016	38.9	−2.8	2.80	1062
2017	39.1	0.7	2.80	1072
2018	39.7	1.5	2.83	1089
2019	40.2	1.1	2.86	1101
2020	40.5	0.7	2.87	1106
2021	43.0	6.1	3.04	1177
2022	44.8	4.3	3.17	1228

数据来源：2000—2021 年数据来自国家统计局历年《中国能源统计年鉴》；2022 年数据根据国家统计局《中华人民共和国 2022 年国民经济和社会发展统计公报》相关数据计算得到。

表1-18 煤炭消费总量国际比较

单位：亿吨标准煤

国家/地区 \ 年份	2015	2016	2017	2018	2019	2020	2021	2021占比/%
世　界	54.2	53.5	53.8	54.5	53.7	51.6	54.7	100.0
OECD	13.7	13.0	12.8	12.4	11.0	9.4	10.1	18.5
非OECD	40.4	40.5	41.0	42.1	42.7	42.2	44.5	81.5
中　国	**27.6**	**27.4**	**27.5**	**27.7**	**27.9**	**28.1**	**29.4**	**53.8**
印　度	5.7	5.8	6.0	6.3	6.3	5.9	6.9	12.5
美　国	5.3	4.9	4.7	4.5	3.9	3.1	3.6	6.6
欧　盟	3.4	3.3	3.2	3.1	2.5	2.0	2.3	4.2
日　本	1.7	1.7	1.7	1.7	1.7	1.6	1.6	3.0
南　非	1.2	1.3	1.3	1.2	1.3	1.2	1.2	2.2
俄罗斯	1.3	1.3	1.2	1.2	1.2	1.1	1.2	2.1
印度尼西亚	0.7	0.8	0.8	1.0	1.2	1.1	1.1	2.0
韩　国	1.2	1.2	1.2	1.2	1.2	1.0	1.0	1.9
德　国	1.1	1.1	1.0	1.0	0.8	0.6	0.7	1.3
越　南	0.4	0.4	0.4	0.5	0.7	0.7	0.7	1.3
波　兰	0.7	0.7	0.7	0.7	0.6	0.6	0.6	1.2
土耳其	0.5	0.5	0.6	0.6	0.6	0.6	0.6	1.1
澳大利亚	0.7	0.7	0.6	0.6	0.6	0.6	0.6	1.0
哈萨克斯坦	0.5	0.5	0.5	0.6	0.6	0.5	0.5	1.0
乌克兰	0.4	0.5	0.4	0.4	0.4	0.3	0.3	0.6
马来西亚	0.2	0.3	0.3	0.3	0.3	0.3	0.3	0.6
菲律宾	0.2	0.2	0.2	0.2	0.2	0.2	0.2	0.5
泰　国	0.3	0.3	0.3	0.2	0.3	0.3	0.3	0.5

数据来源：*BP Statistical Review of World Energy* 2022。

表1-19 分地区煤炭消费量

单位：万吨

地区＼年份	2015	2016	2017	2018	2019	2020	2021
全　国	399834	388820	391403	397452	401915	404860	429576
地区加总	433336	431687	439594	450364	462276	450780	486736
北　京	1165	848	490	276	183	135	131
天　津	4539	4230	3876	3833	3766	3745	3723
河　北	31701	30864	30175	29594	28738	28177	27043
山　西	43881	43567	45916	48940	51332	53739	55991
内蒙古	36283	36461	38372	44138	49036	51819	52628
辽　宁	17028	16944	17587	17904	18711	19068	19184
吉　林	8632	8349	8271	8553	8740	8489	8616
黑龙江	12465	12741	12891	13371	14143	13964	14790
上　海	4728	4626	4578	4421	4238	4168	4826
江　苏	27209	28048	26620	25407	24902	24142	26418
浙　江	13826	13948	14262	14180	13677	13132	15820
安　徽	15673	15706	16082	16673	16700	16887	17748
福　建	7660	6827	7426	8559	8718	8961	10105
江　西	7659	7533	7671	7878	7996	7977	8057
山　东	43516	42160	42004	42319	43133	38790	39430
河　南	24254	23662	22976	22333	20045	20005	19405
湖　北	11035	10740	10721	11100	11768	10371	12012
湖　南	10229	10769	11019	10922	10664	10200	9405
广　东	16587	16135	17172	17068	16834	16514	20035
广　西	6095	6404	6618	7340	8022	8497	8970
海　南	1072	1015	1099	1163	1130	1024	1133
重　庆	5047	4854	5290	5130	5023	4996	5131
四　川	8824	8468	7815	7496	7713	7502	7796
贵　州	12957	13679	13634	12008	12204	11659	12480
云　南	7756	7481	7396	7402	7533	8201	8619
陕　西	18374	19392	20065	19396	21549	22595	22535
甘　肃	6585	6348	6336	6819	6810	7245	8076
青　海	1508	1962	1747	1640	1542	1396	1791
宁　夏	8928	8680	11046	12711	13724	1396	15497
新　疆	18120	19246	20437	21790	23702	25987	29342

数据来源：国家统计局历年《中国能源统计年鉴》。

表1-20 分用途煤炭消费量

单位：万吨

用途 年份	消费 总量	终端 消费	火力 发电	供热	炼焦	炼油及 煤制油	制气	洗选 损耗
2000	135690	50511	55811	8794	16496	—	960	3191
2001	143063	52845	59798	8951	17936	—	1002	2581
2002	153584	54656	68600	8974	18625		973	1817
2003	183760	63864	81966	10895	23640		1055	2199
2004	212162	77610	91962	11547	26150	—	1316	3334
2005	243375	86386	103663	13542	33446		1277	4782
2006	270639	92151	118764	14612	38399		1257	4979
2007	290410	99718	127917	15441	41659		1460	3805
2008	300605	103950	132652	15061	41462	—	1227	5908
2009	325003	111470	143967	15360	45392		1151	7266
2010	349008	114826	153742	17553	49950	213	1040	11235
2011	388961	120647	175579	19334	56060	346	870	15623
2012	411727	118957	183531	23780	56768	378	849	26754
2013	424426	119491	195177	22710	62536	459	846	22579
2014	413633	112804	189525	22445	63944	650	858	22875
2015	399834	112975	179568	24115	60874	679	1320	19798
2016	388820	101569	182666	26577	60649	1105	1212	14740
2017	391403	92841	193925	28983	58910	1568	1663	13237
2018	397452	81171	205197	32388	61603	2497	2010	12295
2019	401915	73449	210159	34442	65673	3240	2459	12213
2020	404860	72426	211635	36933	65968	3047	3309	11301
2021	429576	68828	233487	44185	65334	3746	3667	10111

数据来源：国家统计局历年《中国能源统计年鉴》。

表 1-21 分用途煤炭消费结构

%

年份 \ 用途	终端消费	火力发电	供热	炼焦	炼油及煤制油	制气	洗选损耗
2000	37.2	41.1	6.5	12.2	—	0.7	2.4
2001	36.9	41.8	6.3	12.5	—	0.7	1.8
2002	35.6	44.7	5.8	12.1	—	0.6	1.2
2003	34.8	44.6	5.9	12.9	—	0.6	1.2
2004	36.6	43.3	5.4	12.3	—	0.6	1.6
2005	35.5	42.6	5.6	13.7	—	0.5	2.0
2006	34.0	43.9	5.4	14.2	—	0.5	1.8
2007	34.3	44.0	5.3	14.3	—	0.5	1.3
2008	34.6	44.1	5.0	13.8	—	0.4	2.0
2009	34.3	44.3	4.7	14.0	—	0.4	2.2
2010	32.9	44.1	5.0	14.3	0.1	0.3	3.2
2011	31.0	45.1	5.0	14.4	0.1	0.2	4.0
2012	28.9	44.6	5.8	13.8	0.1	0.2	6.5
2013	28.2	46.0	5.4	14.7	0.1	0.2	5.3
2014	27.3	45.8	5.4	15.5	0.2	0.2	5.5
2015	28.3	44.9	6.0	15.2	0.2	0.3	5.0
2016	26.1	47.0	6.8	15.6	0.3	0.3	3.8
2017	23.7	49.5	7.4	15.1	0.4	0.4	3.4
2018	20.4	51.6	8.1	15.5	0.6	0.5	3.1
2019	18.3	52.3	8.6	16.3	0.8	0.6	3.0
2020	17.9	52.3	9.1	16.3	0.8	0.8	2.8
2021	16.0	54.4	10.3	15.2	0.9	0.9	2.4

数据来源：根据表 1-20 数据计算得到。

表 1-22　分用途煤炭消费结构国际比较

%

用途 国家/地区	发电	热电 联产	供热	转换 损失	终端 消费	其他
世　界	44.1	19.4	0.6	0.0	25.1	10.8
OECD	66.8	7.7	0.5	0.1	13.8	11.2
非 OECD	0.9	2.6	0.4	0.0	1.7	94.4
中　国	**32.5**	**27.6**	**0.4**	**0.0**	**27.8**	**11.8**
印　度	68.8	0.0	0.0	0.0	25.7	5.6
美　国	88.5	1.9	0.0	0.0	6.0	3.6
日　本	63.8	0.0	0.0	0.0	18.5	17.7
南　非	61.5	0.0	0.0	0.0	16.3	22.2
俄罗斯	0.0	43.9	10.2	0.0	26.9	19.0
印度尼西亚	69.9	0.0	0.0	0.0	30.1	0.0
韩　国	61.1	7.5	0.0	0.0	10.5	20.8
德　国	63.2	9.3	0.3	0.4	12.8	14.0
越　南	60.4	0.0	0.0	0.0	38.6	1.0
波　兰	2.0	62.9	6.0	0.0	23.5	5.6
土耳其	59.7	1.0	0.0	0.0	30.6	8.8
澳大利亚	86.8	1.2	0.0	0.0	6.9	5.0
哈萨克斯坦	0.0	68.7	0.0	0.2	27.1	4.0
乌克兰	42.9	7.5	1.8	2.5	25.1	20.2
马来西亚	93.1	0.0	0.0	0.0	6.9	0.0
菲律宾	90.4	0.0	0.0	0.0	9.0	0.6
泰　国	50.3	0.0	0.0	0.0	49.6	0.1

注：本表数据为 2020 年数据；百分比按标准量计算。

数据来源：根据 IEA，*World Energy Balances*（2022 edition）相关数据计算得到。

表1-23 分行业煤炭消费量

单位：万吨

指标＼年份	2015	2016	2017	2018	2019	2020	2021
消费总量	399834	388820	391403	397452	401915	404860	429576
农、林、牧、渔业	2625	2778	2834	2363	2202	2254	1790
工业	378190	367435	371160	380696	387268	390891	417585
采矿业	30802	25246	25106	26064	23850	17859	17307
煤炭开采和洗选业	29103	23793	23874	24234	22140	16886	16075
制造业	181345	172342	162194	161049	159894	159830	158700
石油、煤炭及其他燃料加工业	48069	46561	45310	48515	53972	55519	55065
化学原料和化学制品制造业	30100	26916	24579	23504	22007	23077	22982
非金属矿物制品业	31696	30691	27039	24321	22608	24705	24014
黑色金属冶炼和压延加工业	33896	31184	30443	29308	27987	28217	29149
电力、热力、燃气及水生产和供应业	166043	169847	183860	193583	203524	213202	241578
电力、热力生产和供应业	165422	169441	183107	192239	201798	211123	239518
建筑业	878	805	733	650	640	639	444
交通运输、仓储和邮政业	492	404	353	321	283	241	120
批发、零售业和住宿、餐饮业	3864	3826	3461	2686	2378	1981	1489
其他行业	4159	4081	3580	3021	2598	2571	2218
居民生活	9627	9492	9283	7714	6547	6283	5929

数据来源： 国家统计局历年《中国能源统计年鉴》。

表 1-24 分行业煤炭消费结构

%

指标 \ 年份	2015	2016	2017	2018	2019	2020	2021
消费总量	100	100	100	100	100	100	100
农、林、牧、渔业	0.7	0.7	0.7	0.6	0.5	0.6	0.4
工业	94.6	94.5	94.8	95.8	96.4	96.5	97.2
采矿业	7.7	6.5	6.4	6.6	5.9	4.4	4.0
煤炭开采和洗选业	7.3	6.1	6.1	6.1	5.5	4.2	3.7
制造业	45.4	44.3	41.4	40.5	39.8	39.5	36.9
石油、煤炭及其他燃料加工业	12.0	12.0	11.6	12.2	13.4	13.7	12.8
化学原料和化学制品制造业	7.5	6.9	6.3	5.9	5.5	5.7	5.3
非金属矿物制品业	7.9	7.9	6.9	6.1	5.6	6.1	5.6
黑色金属冶炼和压延加工业	8.5	8.0	7.8	7.4	7.0	7.0	6.8
电力、热力、燃气及水生产和供应业	41.5	43.7	47.0	48.7	50.6	52.7	56.2
电力、热力生产和供应业	41.4	43.6	46.8	48.4	50.2	52.1	55.8
建筑业	0.2	0.2	0.2	0.2	0.2	0.2	0.1
交通运输、仓储和邮政业	0.1	0.1	0.1	0.1	0.1	0.1	0.0
批发、零售业和住宿、餐饮业	1.0	1.0	0.9	0.7	0.6	0.5	0.3
其他行业	1.0	1.0	0.9	0.8	0.6	0.6	0.5
居民生活	2.4	2.4	2.4	1.9	1.6	1.6	1.4

数据来源： 根据表 1-23 数据计算得到。

第三节 石 油 消 费

表 1-25 石油消费总量

指标 年份	石油消费总量		人均石油消费量	日均石油消费量	
	绝对额/亿吨	增速/%	绝对额/(千克/人)	绝对额/(万吨/日)	绝对额/(万桶/日)
2000	2.25	6.8	178	61	451
2001	2.30	2.0	180	63	461
2002	2.48	8.1	194	68	499
2003	2.76	11.1	214	76	554
2004	3.21	16.3	247	88	642
2005	3.25	1.5	250	89	654
2006	3.49	7.4	266	96	702
2007	3.67	4.9	278	100	736
2008	3.73	1.9	282	102	748
2009	3.87	3.6	290	106	777
2010	4.41	14.0	330	121	886
2011	4.56	3.4	339	125	916
2012	4.78	4.8	353	131	957
2013	5.00	4.5	367	137	1004
2014	5.19	3.8	378	142	1041
2015	5.60	7.9	406	153	1124
2016	5.77	3.1	416	158	1155
2017	6.04	4.7	433	165	1213
2018	6.22	3.1	444	171	1250
2019	6.45	3.6	458	177	1295
2020	6.54	1.3	463	179	1309
2021	6.84	4.6	484	187	1373
2022	6.78	-0.9	480	186	1362

注：每吨按 7.33 桶折算；2022 年人均量根据年中人口数计算。

数据来源：2000—2021 年数据来自国家统计局历年《中国能源统计年鉴》；2022 年数据根据国家统计局《中华人民共和国 2022 年国民经济和社会发展统计公报》相关数据计算得到。

表 1-26　石油消费总量国际比较

单位：亿吨

年份 国家/地区	2015	2016	2017	2018	2019	2020	2021	2021 占比 /%
世　界	42.19	43.00	43.62	44.21	44.29	40.19	42.46	100.0
OECD	20.32	20.58	20.69	20.83	20.66	18.03	19.14	45.1
非 OECD	21.87	22.42	22.93	23.37	23.63	22.15	23.32	54.9
美　国	8.12	8.17	8.25	8.44	8.42	7.39	8.04	18.9
中　国	**5.57**	**5.74**	**6.06**	**6.35**	**6.67**	**6.76**	**7.18**	**16.9**
欧　盟	5.18	5.28	5.36	5.37	5.36	4.68	4.92	11.6
印　度	1.94	2.14	2.21	2.29	2.37	2.14	2.21	5.2
沙特阿拉伯	1.68	1.71	1.65	1.61	1.57	1.52	1.52	3.6
日　本	1.88	1.82	1.79	1.74	1.68	1.49	1.52	3.6
俄罗斯	1.45	1.49	1.48	1.50	1.53	1.45	1.53	3.6
韩　国	1.14	1.24	1.23	1.22	1.21	1.15	1.22	2.9
巴　西	1.15	1.09	1.10	1.05	1.05	0.97	1.02	2.4
加拿大	1.07	1.06	1.06	1.09	1.08	0.95	0.96	2.3
德　国	1.07	1.09	1.11	1.06	1.07	0.96	0.95	2.2
伊　朗	0.70	0.70	0.72	0.75	0.78	0.73	0.74	1.7
新加坡	0.69	0.72	0.74	0.74	0.72	0.70	0.70	1.6
法　国	0.73	0.73	0.73	0.73	0.72	0.62	0.67	1.6
印度尼西亚	0.67	0.65	0.69	0.72	0.70	0.61	0.64	1.5
墨西哥	0.85	0.85	0.82	0.80	0.74	0.56	0.58	1.4
英　国	0.71	0.73	0.73	0.72	0.70	0.54	0.57	1.4
西班牙	0.60	0.62	0.62	0.63	0.63	0.52	0.57	1.4
意大利	0.60	0.59	0.59	0.61	0.59	0.49	0.55	1.3
泰　国	0.53	0.54	0.56	0.57	0.58	0.51	0.51	1.2
土耳其	0.44	0.47	0.49	0.48	0.47	0.44	0.45	1.1
阿联酋	0.41	0.45	0.44	0.44	0.43	0.37	0.42	1.0
澳大利亚	0.47	0.47	0.49	0.50	0.50	0.43	0.44	1.0

数据来源： *BP Statistical Review of World Energy* 2022。

表 1-27　日均石油消费量国际比较

单位：万桶

国家/地区　　年份	2015	2016	2017	2018	2019	2020	2021	2021占比/%
世　界	9246	9417	9592	9749	9775	8875	9409	100
OECD	4503	4552	4595	4642	4607	4036	4294	45.6
非 OECD	4744	4865	4997	5107	5168	4839	5115	54.4
美　国	1850	1859	1885	1942	1942	1718	1868	19.9
中　国	**1189**	**1230**	**1300**	**1364**	**1432**	**1441**	**1544**	**16.4**
欧　盟	1091	1109	1132	1135	1131	985	1042	11.1
印　度	415	454	472	497	515	470	488	5.2
沙特阿拉伯	390	396	387	376	369	355	360	3.8
日　本	412	398	395	381	369	327	334	3.6
俄罗斯	320	328	328	331	338	321	341	3.6
韩　国	259	281	280	280	279	263	281	3.0
巴　西	249	237	241	229	230	213	225	2.4
加拿大	244	245	242	250	249	219	223	2.4
德　国	227	231	237	225	227	205	205	2.2
伊　朗	158	158	166	173	178	167	169	1.8
新加坡	133	137	141	143	140	134	133	1.4
法　国	154	153	154	154	153	131	142	1.5
印度尼西亚	151	145	156	162	158	140	147	1.6
墨西哥	194	195	188	184	170	131	135	1.4
英　国	154	159	159	157	152	117	124	1.3
西班牙	121	125	126	129	129	106	117	1.2
意大利	126	126	127	130	126	104	116	1.2
泰　国	127	129	134	136	137	121	121	1.3
土耳其	91	97	102	99	100	91	94	1.0
阿联酋	93	102	101	100	97	85	95	1.0
澳大利亚	102	102	106	108	106	92	94	1.0

注：每吨按 7.33 桶折算。

数据来源：*BP Statistical Review of World Energy* 2022。

表1-28　分地区石油消费量

单位：万吨

年份\地区	2015	2016	2017	2018	2019	2020	2021
全　国	55160	56403	58744	62245	64507	65369	68393
地区加总	53130	80437	55754	56732	57923	57592	60293
北　京	1584	1578	1656	1707	1752	1364	1387
天　津	1772	1659	1565	1523	1580	1455	1548
河　北	1297	1371	1384	1460	1341	1290	1493
山　西	740	750	810	773	648	563	553
内蒙古	869	896	989	940	948	928	973
辽　宁	4465	4304	4419	4544	4892	5240	5092
吉　林	961	955	1019	1016	1011	993	962
黑龙江	1668	1608	1413	1433	1500	1550	1674
上　海	3100	3274	3373	3318	3510	3166	3186
江　苏	3088	3193	3131	3275	3286	3250	3215
浙　江	2970	29099	2871	2612	2549	3900	3670
安　徽	1369	1427	1566	1546	1586	1564	1673
福　建	2072	2023	2126	2075	2229	2312	2408
江　西	1026	1077	1130	1200	1257	1144	1056
山　东	3813	3905	4040	4229	4103	3952	4832
河　南	2054	2210	2225	2375	2405	2371	2515
湖　北	2384	2526	2601	2707	2927	2679	3060
湖　南	1734	1844	1849	1991	2112	2140	2867
广　东	5619	5942	6212	6443	6417	6192	6023
广　西	1095	1233	1250	1227	1111	1073	1174
海　南	452	448	459	487	508	502	541
重　庆	793	864	907	918	976	958	959
四　川	2409	2475	2580	2549	2689	2584	2660
贵　州	839	864	987	1137	1174	1228	1465
云　南	1169	1234	1344	1391	1507	1536	1511
陕　西	1029	839	776	778	744	618	627
甘　肃	864	898	914	906	860	882	876
青　海	261	200	344	316	333	328	344
宁　夏	261	266	259	337	455	423	424
新　疆	1375	1478	1555	1519	1512	1406	1528

数据来源： 国家统计局历年《中国能源统计年鉴》。

表1-29 分行业石油消费量

单位：万吨

行业 年份	农、林、牧、渔业	工业	建筑业	交通运输、仓储和邮政业	批发、零售业和住宿、餐饮业	其他行业	居民生活
2000	788	26490	345	6383	192	1612	478
2001	838	26776	363	6571	192	1648	519
2002	922	28038	378	7188	210	1667	528
2003	1058	30806	412	8227	218	1753	653
2004	1228	34969	511	10026	258	1969	858
2005	1448	35158	573	10880	277	1948	956
2006	1536	37257	626	11959	278	2048	1108
2007	1394	38735	643	12851	296	2182	1343
2008	1262	40200	614	13571	315	2309	1460
2009	1304	42243	695	13593	367	2258	1672
2010	1378	47914	804	15018	408	2526	2005
2011	1461	48584	843	16156	431	2826	2377
2012	1532	51162	840	17795	466	2999	2656
2013	1643	53151	954	18878	487	3266	2907
2014	1711	56490	938	19410	477	3073	3132
2015	1726	59900	1030	20450	532	3592	3613
2016	1724	62008	1060	20928	501	3454	3757
2017	1779	64294	1101	21826	505	3409	3915
2018	1717	67265	1097	22502	513	3384	4182
2019	1740	71435	1078	21836	518	3388	4459
2020	1767	73958	1064	20259	497	3389	4310
2021	1974	76825	1140	21756	545	3705	4772

数据来源： 国家统计局历年《中国能源统计年鉴》。

表1-30　分行业石油消费结构

%

行业 \ 年份	农、林、牧、渔业	工业	建筑业	交通运输、仓储和邮政业	批发、零售业和住宿、餐饮业	其他行业	居民生活
2000	2.2	73.0	1.0	17.6	0.5	4.4	1.3
2001	2.3	72.6	1.0	17.8	0.5	4.5	1.4
2002	2.4	72.0	1.0	18.5	0.5	4.3	1.4
2003	2.5	71.4	1.0	19.1	0.5	4.1	1.5
2004	2.5	70.2	1.0	20.1	0.5	4.0	1.7
2005	2.8	68.6	1.1	21.2	0.5	3.8	1.9
2006	2.8	68.0	1.1	21.8	0.5	3.7	2.0
2007	2.4	67.4	1.1	22.4	0.5	3.8	2.3
2008	2.1	67.3	1.0	22.7	0.5	3.9	2.4
2009	2.1	68.0	1.1	21.9	0.6	3.6	2.7
2010	2.0	68.4	1.1	21.4	0.6	3.6	2.9
2011	2.0	66.8	1.2	22.2	0.6	3.9	3.3
2012	2.0	66.1	1.1	23.0	0.6	3.9	3.4
2013	2.0	65.4	1.2	23.2	0.6	4.0	3.6
2014	2.0	66.3	1.1	22.8	0.6	3.6	3.7
2015	1.9	65.9	1.1	22.5	0.6	4.0	4.0
2016	1.8	66.4	1.1	22.4	0.5	3.7	4.0
2017	1.8	66.4	1.1	22.5	0.5	3.5	4.0
2018	1.7	66.8	1.1	22.4	0.5	3.4	4.2
2019	1.7	68.4	1.0	20.9	0.5	3.2	4.3
2020	1.7	70.3	1.0	19.9	0.5	3.2	4.1
2021	1.9	73.0	1.1	20.7	0.5	3.5	4.5

数据来源：根据表1-29数据计算而来。

表 1-31 分部门终端石油消费结构国际比较

%

行业 国家/地区	农、林、牧、渔业	工业	交通	生活	商业和公共服务	其他	总消费量/亿吨标准煤
世界	2.77	8.03	61.57	5.85	2.03	19.76	52.66
OECD	2.68	5.56	63.97	4.53	2.63	20.62	22.59
非 OECD	2.84	9.88	59.76	6.84	1.58	19.10	30.08
美 国	1.62	2.72	73.29	2.10	1.71	18.56	9.55
中 国	**3.16**	**14.58**	**48.36**	**6.51**	**2.71**	**24.68**	**8.23**
印 度	0.00	14.38	47.25	16.35	1.20	20.82	2.63
日 本	2.33	12.42	45.67	8.85	8.15	22.59	1.89
俄罗斯	1.99	7.45	46.26	10.93	1.08	32.30	1.85
沙特阿拉伯	0.00	10.57	40.97	1.52	0.00	46.94	1.43
韩 国	0.48	4.44	34.74	3.01	2.30	55.04	1.33
巴 西	6.77	10.07	62.77	7.29	0.70	12.40	1.32
德 国	2.46	4.01	53.97	15.06	3.18	21.33	1.23
加拿大	5.79	6.69	61.62	1.70	1.51	22.70	1.17
伊 朗	3.79	5.74	58.99	5.62	1.17	24.69	0.91
印度尼西亚	1.21	10.14	68.96	14.75	0.77	4.17	0.88
法 国	4.93	4.49	58.92	7.32	3.95	20.40	0.84
墨西哥	3.52	8.94	67.29	9.65	2.67	7.93	0.77
泰 国	4.32	8.17	43.74	3.03	1.45	39.31	0.76
英 国	1.74	4.50	69.23	5.29	4.55	14.69	0.64
澳大利亚	4.26	10.34	72.87	0.85	1.56	10.12	0.60
土耳其	7.79	10.19	64.97	1.11	1.19	14.75	0.57
意大利	5.31	4.23	67.71	4.90	1.34	16.50	0.55
西班牙	5.42	6.51	63.80	6.45	2.89	14.94	0.54
阿联酋	0.00	8.26	57.28	1.12	0.00	33.34	0.26
新加坡	0.00	27.58	17.50	0.20	0.61	54.10	0.17

注：本表数据为 2020 年数据。

数据来源：根据 IEA，*World Energy Balances*（2020 edition）相关数据计算而来。

表 1-32　主要品种石油消费量

单位：万吨

品种 年份	原油	汽油	煤油	柴油	燃料油	液化 石油气	柴汽比
2000	21232	3505	872	6806	3873	1390	1.94
2001	21411	3598	890	7158	3850	1411	1.99
2002	22694	3804	919	7790	3724	1627	2.05
2003	25181	4119	922	8575	4330	1818	2.08
2004	29009	4696	1061	10207	4845	2016	2.17
2005	30089	4855	1077	10975	4244	2047	2.26
2006	32245	5243	1125	11729	4471	2253	2.24
2007	34032	5519	1244	12492	4157	2328	2.26
2008	35510	6146	1294	13545	3237	2119	2.20
2009	38129	6173	1450	13551	2829	2153	2.20
2010	42875	6956	1765	14699	3758	2322	2.11
2011	43966	7596	1817	15635	3663	2470	2.06
2012	46679	8166	1957	16966	3683	2482	2.08
2013	48652	9366	2164	17151	3954	2823	1.83
2014	51597	9776	2335	17165	4355	3290	1.76
2015	54788	11368	2664	17360	4662	3961	1.53
2016	57126	11866	2971	16839	4631	5015	1.42
2017	59402	12296	3326	16917	4887	5458	1.38
2018	63004	13055	3654	16410	4536	5673	1.26
2019	67268	13628	3950	14918	4690	6066	1.09
2020	69477	12767	3352	14283	5365	6221	1.12
2021	72299	14242	3490	15197	5489	6826	1.07

注：柴汽比＝柴油消费量/汽油消费量。

数据来源：国家统计局历年《中国能源统计年鉴》。

表 1-33 分行业汽油消费量

单位：万吨

年份 \ 行业	农、林、牧、渔业	工业	建筑业	交通运输、仓储和邮政业	批发、零售业和住宿、餐饮业	其他行业	居民生活
2000	89	682	116	1528	70	793	228
2001	93	705	117	1564	69	804	245
2002	102	718	112	1659	74	866	274
2003	117	633	114	1962	78	877	339
2004	134	507	156	2334	120	987	457
2005	160	442	172	2430	129	998	524
2006	168	499	181	2592	123	1064	616
2007	173	525	179	2613	132	1120	778
2008	160	586	196	3090	135	1122	855
2009	168	671	235	2882	148	1070	999
2010	169	689	275	3275	168	1166	1214
2011	186	605	283	3574	177	1313	1459
2012	193	581	287	3778	200	1461	1667
2013	199	523	326	4382	221	1819	1896
2014	217	489	331	4665	218	1738	2119
2015	231	477	409	5307	243	2108	2593
2016	224	436	437	5511	241	2046	2970
2017	230	382	452	5699	244	2075	3214
2018	243	297	505	6068	276	2164	3504
2019	253	262	500	6245	288	2241	3839
2020	257	184	508	5574	273	2253	3718
2021	281	194	563	6223	303	2503	4175

数据来源： 国家统计局历年《中国能源统计年鉴》。

表1-34 分行业汽油消费结构

%

行业 年份	农、林、牧、渔业	工业	建筑业	交通运输、仓储和邮政业	批发、零售业和住宿、餐饮业	其他行业	居民生活
2000	2.5	19.5	3.3	43.6	2.0	22.6	6.5
2001	2.6	19.6	3.2	43.5	1.9	22.4	6.8
2002	2.7	18.9	3.0	43.6	2.0	22.8	7.2
2003	2.8	15.4	2.8	47.6	1.9	21.3	8.2
2004	2.9	10.8	3.3	49.7	2.6	21.0	9.7
2005	3.3	9.1	3.5	50.1	2.7	20.6	10.8
2006	3.2	9.5	3.4	49.4	2.4	20.3	11.7
2007	3.1	9.5	3.2	47.3	2.4	20.3	14.1
2008	2.6	9.5	3.2	50.3	2.2	18.3	13.9
2009	2.7	10.9	3.8	46.7	2.4	17.3	16.2
2010	2.4	9.9	3.9	47.3	2.4	16.8	17.4
2011	2.4	8.0	3.7	47.0	2.3	17.3	19.2
2012	2.4	7.1	3.5	46.3	2.4	17.9	20.4
2013	2.1	5.6	3.5	46.8	2.4	19.4	20.2
2014	2.2	5.0	3.4	47.7	2.2	17.8	21.7
2015	2.0	4.2	3.6	46.7	2.1	18.5	22.8
2016	1.9	3.7	3.7	46.4	2.0	17.2	25.0
2017	1.9	3.1	3.7	46.3	2.0	16.9	26.1
2018	1.9	2.3	3.9	46.5	2.1	16.6	26.8
2019	1.9	1.9	3.7	45.8	2.1	16.4	28.2
2020	2.0	1.4	4.0	43.7	2.1	17.6	29.1
2021	2.0	1.4	4.0	43.7	2.1	17.6	29.3

数据来源：根据表1-33数据计算而来。

表 1-35　分行业煤油消费量

单位：万吨

行业 年份	农、林、牧、渔业	工业	建筑业	交通运输、仓储和邮政业	批发、零售业和住宿、餐饮业	其他行业	居民生活
2000	1.5	84.0	4.0	535.9	14.0	160.1	72.2
2001	1.5	86.0	3.5	560.7	12.5	151.1	75.0
2002	1.4	107.4	—	716.8	13.0	40.0	40.7
2003	1.4	87.8	—	741.7	11.2	43.2	36.4
2004	1.1	60.9	—	919.7	3.6	48.2	27.4
2005	1.6	57.5	—	952.4	3.7	36.2	25.5
2006	1.5	48.2	—	1010.5	3.8	38.0	22.7
2007	0.9	45.2	—	1130.0	4.9	43.2	19.5
2008	1.3	49.1	9.7	1174.6	20.8	25.9	12.7
2009	0.8	32.0	10.4	1314.3	29.1	43.7	20.2
2010	0.9	40.2	8.8	1601.1	35.0	58.7	20.5
2011	1.5	34.2	10.8	1646.4	32.2	68.2	23.5
2012	1.2	32.0	7.9	1787.1	28.6	74.2	25.6
2013	1.2	27.4	11.4	1998.2	13.4	84.6	27.9
2014	0.8	17.4	10.4	2216.0	11.3	50.7	28.9
2015	1.1	21.2	12.5	2504.9	11.7	83.3	29.1
2016	2.2	20.0	10.0	2814.9	11.2	85.9	26.4
2017	1.5	14.6	9.8	3173.3	11.3	88.4	27.6
2018	4.9	24.9	17.3	3462.5	15.5	103.8	24.6
2019	11.0	11.0	16.0	3689.2	15.5	184.2	23.4
2020	11.0	9.4	10.8	3110.8	14.8	183.0	12.4
2021	12.4	9.0	10.0	3246.3	13.8	195.6	2.9

数据来源： 国家统计局历年《中国能源统计年鉴》。

表1-36 分行业煤油消费结构

%

行业 年份	农、林、牧、渔业	工业	建筑业	交通运输、仓储和邮政业	批发、零售业和住宿、餐饮业	其他行业	居民生活
2000	0.2	9.6	0.5	61.5	1.6	18.4	8.3
2001	0.2	9.7	0.4	63.0	1.4	17.0	8.4
2002	0.2	11.7	—	78.0	1.4	4.4	4.4
2003	0.1	9.5	—	80.5	1.2	4.7	3.9
2004	0.1	5.7	—	86.7	0.3	4.5	2.6
2005	0.1	5.3	—	88.4	0.3	3.4	2.4
2006	0.1	4.3	—	89.8	0.3	3.4	2.0
2007	0.1	3.6	—	90.9	0.4	3.5	1.6
2008	0.1	3.8	0.7	90.8	1.6	2.0	1.0
2009	0.1	2.2	0.7	90.6	2.0	3.0	1.4
2010	0.1	2.3	0.5	90.7	2.0	3.3	1.2
2011	0.1	1.9	0.6	90.6	1.8	3.8	1.3
2012	0.1	1.6	0.4	91.3	1.5	3.8	1.3
2013	0.1	1.3	0.5	92.3	0.6	3.9	1.3
2014	0.0	0.7	0.4	94.9	0.5	2.2	1.2
2015	0.0	0.8	0.5	94.0	0.4	3.1	1.1
2016	0.1	0.7	0.3	94.8	0.4	2.9	0.9
2017	0.0	0.4	0.3	95.4	0.3	2.7	0.8
2018	0.1	0.7	0.5	94.8	0.4	2.8	0.7
2019	0.3	0.3	0.4	93.4	0.4	4.7	0.6
2020	0.3	0.3	0.3	92.8	0.4	5.5	0.4
2021	0.4	0.3	0.3	93.0	0.4	5.6	0.1

数据来源：根据表1-35数据计算而来。

表 1-37 分行业柴油消费量

单位：万吨

行业 年份	农、林、牧、渔业	工业	建筑业	交通运输、仓储和邮政业	批发、零售业和住宿、餐饮业	其他行业	居民生活
2000	697	1696	206	3294	96	639	178
2001	743	1800	223	3421	98	674	199
2002	819	1879	242	3785	111	740	214
2003	939	1721	276	4435	106	820	278
2004	1092	1884	333	5497	109	918	374
2005	1286	1710	387	6169	116	900	406
2006	1366	1725	429	6677	130	933	470
2007	1219	1813	434	7339	134	1007	545
2008	1099	2181	371	7997	153	1152	592
2009	1134	2044	415	7992	182	1132	653
2010	1207	2090	490	8658	197	1287	771
2011	1272	1824	519	9485	212	1428	895
2012	1335	1748	518	10727	229	1445	964
2013	1442	1676	557	10921	234	1340	982
2014	1492	1595	552	11043	230	1269	984
2015	1493	1516	556	11163	258	1384	991
2016	1496	1413	561	11068	232	1307	761
2017	1547	1460	596	11174	234	1233	673
2018	1468	1259	543	11167	212	1107	652
2019	1475	1291	530	9867	204	954	597
2020	1497	1026	504	9532	198	946	580
2021	1680	1192	527	9984	219	1000	594

数据来源：国家统计局历年《中国能源统计年鉴》。

表 1-38　分行业柴油消费结构

%

行业\年份	农、林、牧、渔业	工业	建筑业	交通运输、仓储和邮政业	批发、零售业和住宿、餐饮业	其他行业	居民生活
2000	10.2	24.9	3.0	48.4	1.4	9.4	2.6
2001	10.4	25.1	3.1	47.8	1.4	9.4	2.8
2002	10.5	24.1	3.1	48.6	1.4	9.5	2.7
2003	11.0	20.1	3.2	51.7	1.2	9.6	3.2
2004	10.7	18.5	3.3	53.9	1.1	9.0	3.7
2005	11.7	15.6	3.5	56.2	1.1	8.2	3.7
2006	11.6	14.7	3.7	56.9	1.1	8.0	4.0
2007	9.8	14.5	3.5	58.8	1.1	8.1	4.4
2008	8.1	16.1	2.7	59.0	1.1	8.5	4.4
2009	8.4	15.1	3.1	59.0	1.3	8.4	4.8
2010	8.2	14.2	3.3	58.9	1.3	8.8	5.2
2011	8.1	11.7	3.3	60.7	1.4	9.1	5.7
2012	7.9	10.3	3.1	63.2	1.3	8.5	5.7
2013	8.4	9.8	3.2	63.7	1.4	7.8	5.7
2014	8.7	9.3	3.2	64.3	1.3	7.4	5.7
2015	8.6	8.7	3.2	64.3	1.5	8.0	5.7
2016	8.9	8.4	3.3	65.7	1.4	7.8	4.5
2017	9.1	8.6	3.5	66.1	1.4	7.3	4.0
2018	8.9	7.7	3.3	68.1	1.3	6.7	4.0
2019	9.9	8.7	3.6	66.1	1.4	6.4	4.0
2020	10.5	7.2	3.5	66.7	1.4	6.6	4.1
2021	11.1	7.8	3.5	65.7	1.4	6.6	3.9

数据来源：根据表 1-37 数据计算而来。

第四节 天然气消费

表1-39 天然气消费总量

指标 年份	消费总量		人均消费量	日均消费量
	绝对额 /亿立方米	增速 /%	绝对额 /（立方米/人）	绝对额 /（亿立方米/日）
2000	245	14.0	19	0.67
2001	274	12.0	22	0.75
2002	292	6.4	23	0.80
2003	339	16.2	26	0.93
2004	397	17.0	31	1.08
2005	466	17.5	36	1.28
2006	573	23.0	44	1.57
2007	705	23.0	54	1.93
2008	813	15.3	61	2.22
2009	895	10.1	67	2.45
2010	1080	20.7	81	2.96
2011	1341	24.2	100	3.67
2012	1497	11.6	111	4.09
2013	1705	13.9	125	4.67
2014	1871	9.7	136	5.12
2015	1932	3.3	140	5.29
2016	2078	7.6	150	5.68
2017	2394	15.2	171	6.56
2018	2817	17.7	201	7.72
2019	3060	8.6	217	8.38
2020	3340	9.2	237	9.13
2021	3773	13.0	267	10.34
2022	3728	-1.2	264	10.21

注： 自2010年起包括液化天然气数据；2022年人均量根据年中人口数计算。

数据来源： 2000—2021年数据来自国家统计局历年《中国统计能源年鉴》；2022年数据根据国家统计局《中华人民共和国2022年国民经济和社会发展统计公报》相关数据计算得到。

表 1-40 天然气消费总量国际比较

单位：亿立方米

国家/地区＼年份	2015	2016	2017	2018	2019	2020	2021	2021占比/%
世　界	34769	35561	36529	38356	39063	38456	40375	100.0
OECD	16235	16561	16778	17626	18030	17586	17949	44.5
非 OECD	18533	18999	19752	20730	21033	20870	22426	55.5
美　国	7436	7491	7400	8217	8507	8319	8267	20.5
俄罗斯	3467	3682	3852	3781	3918	3803	3966	11.8
欧　盟	4087	4206	4311	4545	4443	4235	4746	9.8
中　国	**1947**	**2094**	**2413**	**2839**	**3084**	**3366**	**3787**	**9.4**
伊　朗	1840	1963	2050	2126	2184	2343	2411	6.0
加拿大	1103	1050	1099	1156	1173	1133	1192	3.0
沙特阿拉伯	992	1053	1093	1121	1112	1131	1173	2.9
日　本	1187	1164	1170	1157	1081	1041	1036	2.6
墨西哥	808	830	860	876	880	837	882	2.2
德　国	770	849	877	859	893	871	905	2.2
英　国	720	807	785	786	777	730	769	1.9
阿联酋	715	719	725	712	710	696	694	1.7
意大利	643	675	716	692	708	676	725	1.8
印　度	478	508	536	580	592	605	622	1.5
埃　及	460	494	559	596	590	583	619	1.5
韩　国	456	476	498	578	560	575	625	1.5
土耳其	460	445	516	472	434	462	573	1.4
泰　国	510	506	501	500	509	469	470	1.2
阿根廷	467	482	483	487	466	439	459	1.1
法　国	408	445	448	428	437	406	430	1.1
乌兹别克斯坦	463	433	448	444	446	436	464	1.1
阿尔及利亚	379	386	395	434	451	436	458	1.1
巴基斯坦	365	387	407	436	445	412	448	1.1
巴　西	429	371	376	359	357	314	404	1.0
卡塔尔	434	414	412	407	419	389	400	1.0
澳大利亚	388	379	371	368	439	431	394	1.0
马来西亚	468	450	450	447	452	383	411	1.0

数据来源： *BP Statistical Review of World Energy* 2022。

表1-41 分地区天然气消费量

单位：亿立方米

地区＼年份	2015	2016	2017	2018	2019	2020	2021
全　国	1931.8	2078.1	2393.7	2817.1	3059.7	3339.9	3773.0
地区加总	1980.8	2113.3	2351.0	2677.8	2901.4	3058.3	3405.6
北　京	146.9	162.3	164.6	187.9	189.4	191.7	192.8
天　津	64.0	74.5	83.3	104.1	110.6	119.3	125.5
河　北	73.0	81.0	95.1	133.1	165.5	175.7	192.9
山　西	64.9	69.4	74.9	75.2	91.7	94.7	98.3
内蒙古	39.2	45.1	52.0	62.0	64.2	80.3	82.9
辽　宁	55.4	50.6	62.1	73.2	75.1	73.7	82.0
吉　林	20.7	23.0	24.9	29.7	30.2	31.7	35.5
黑龙江	35.8	38.0	40.6	43.8	44.4	47.0	50.3
上　海	77.4	79.0	83.2	93.5	99.4	94.8	98.4
江　苏	165.0	172.7	237.7	276.2	288.1	280.4	302.9
浙　江	80.4	87.8	104.9	134.9	147.2	142.5	179.9
安　徽	34.8	39.2	44.4	53.0	59.6	67.1	61.0
福　建	45.4	48.6	50.2	51.9	52.8	52.2	61.5
江　西	18.0	20.0	21.4	25.9	27.0	27.8	37.6
山　东	82.3	98.6	126.9	156.3	190.0	221.6	233.7
河　南	87.1	90.4	100.2	106.3	109.0	108.0	119.3
湖　北	40.3	41.5	52.5	62.7	68.5	61.4	71.0
湖　南	26.5	26.9	27.1	30.5	32.9	40.2	48.6
广　东	145.2	167.8	182.4	190.6	206.2	274.4	341.0
广　西	8.4	15.4	16.8	22.7	27.9	32.1	41.8
海　南	45.7	40.9	43.0	44.3	46.2	50.0	55.6
重　庆	88.4	89.3	95.2	99.5	103.5	104.9	131.8
四　川	196.9	202.7	216.3	237.0	254.4	261.8	285.4
贵　州	13.3	17.1	17.7	30.8	36.8	40.3	49.2
云　南	6.3	7.7	9.7	13.0	16.5	19.9	22.1
陕　西	92.4	98.2	103.2	105.5	122.9	114.6	133.4
甘　肃	26.0	26.4	28.9	31.2	32.9	35.8	38.0
青　海	44.4	46.3	49.6	51.3	52.1	46.1	51.4
宁　夏	20.1	22.4	20.0	21.0	25.4	29.6	28.5
新　疆	136.8	130.6	122.5	130.9	131.1	138.6	153.2

注：本表包括液化天然气数据；1万吨LNG折合0.138亿立方米天然气。

数据来源：国家统计局历年《中国能源统计年鉴》。

表 1-42　分行业天然气消费量

单位：亿立方米

行业 年份	农、林、牧、渔业	工业	建筑业	交通运输、仓储和邮政业	批发、零售业和住宿、餐饮业	其他行业	居民生活
2000	—	199.0	0.8	8.8	3.4	0.6	32.3
2001	—	214.8	0.7	11.0	5.0	0.7	42.1
2002	—	222.5	0.7	16.4	6.1	0.0	46.2
2003	—	251.4	0.7	18.8	6.9	9.4	51.9
2004	—	278.6	1.4	26.2	9.2	14.1	67.2
2005	—	327.2	1.5	38.0	10.8	9.1	79.4
2006	—	398.9	1.7	44.2	13.2	12.8	102.6
2007	—	479.7	2.1	46.9	17.1	16.1	143.4
2008	—	531.6	1.0	71.6	17.8	20.9	170.1
2009	—	577.9	1.0	91.1	24.0	23.6	177.7
2010	0.5	691.8	1.2	106.7	27.2	26.0	226.9
2011	0.6	875.7	1.3	138.4	33.6	27.1	264.4
2012	0.6	980.8	1.3	154.5	38.7	32.9	288.3
2013	0.7	1129.1	2.0	175.8	39.3	35.6	322.9
2014	0.8	1223.0	1.9	214.4	46.6	41.3	342.6
2015	1.0	1234.5	2.2	237.6	51.3	45.4	359.8
2016	1.1	1338.6	2.0	254.8	53.8	48.2	379.8
2017	1.1	1575.3	1.8	284.7	57.6	53.0	420.3
2018	1.3	1940.1	2.5	286.2	60.8	57.9	468.4
2019	1.2	2092.1	2.8	341.5	62.5	57.3	502.3
2020	1.3	2304.0	2.6	354.3	62.1	55.6	560.0
2021	1.7	2678.3	3.2	366.3	70.2	61.0	592.3

注：自 2010 年起包括液化天然气数据；1 万吨 LNG 折合 0.138 亿立方米天然气。

数据来源：国家统计局历年《中国能源统计年鉴》。

表1-43 分行业天然气消费结构

%

行业 / 年份	农、林、牧、渔业	工业	建筑业	交通运输、仓储和邮政业	批发、零售业和住宿、餐饮业	其他行业	居民生活
2000	—	81.2	0.3	3.6	1.4	0.2	13.2
2001	—	78.4	0.3	4.0	1.8	0.3	15.4
2002	—	76.2	0.2	5.6	2.1	0.0	15.8
2003	—	74.2	0.2	5.5	2.0	2.8	15.3
2004	—	70.2	0.4	6.6	2.3	3.6	16.9
2005	—	70.2	0.3	8.2	2.3	2.0	17.0
2006	—	69.6	0.3	7.7	2.3	2.2	17.9
2007	—	68.0	0.3	6.7	2.4	2.3	20.3
2008	—	65.4	0.1	8.8	2.2	2.6	20.9
2009	—	64.6	0.1	10.2	2.7	2.6	19.9
2010	0.0	64.1	0.1	9.9	2.5	2.4	21.0
2011	0.0	65.3	0.1	10.3	2.5	2.0	19.7
2012	0.0	65.5	0.1	10.3	2.6	2.2	19.3
2013	0.0	66.2	0.1	10.3	2.3	2.1	18.9
2014	0.0	65.4	0.1	11.5	2.5	2.2	18.3
2015	0.1	63.9	0.1	12.3	2.7	2.3	18.6
2016	0.1	64.4	0.1	12.3	2.6	2.3	18.3
2017	0.0	65.8	0.1	11.9	2.4	2.2	17.6
2018	0.0	68.9	0.1	10.2	2.2	2.1	16.6
2019	0.0	68.4	0.1	11.2	2.0	1.9	16.4
2020	0.0	69.0	0.1	10.6	1.9	1.7	16.8
2021	0.0	71.0	0.1	9.7	1.9	1.6	15.7

数据来源：根据表1-42数据计算得到。

表 1-44 分用途天然气消费量

单位：亿立方米

指标年份	火力发电	供热	炼油及煤制油	损失	终端消费
2000	15.21	14.25	—	6.66	208.91
2001	13.00	16.41	—	6.22	238.67
2002	11.05	17.02	—	6.33	257.44
2003	13.24	14.00	—	6.65	305.19
2004	19.03	20.37	—	7.76	349.56
2005	30.12	23.17	—	10.33	398.36
2006	57.56	16.23	—	9.90	484.03
2007	80.68	19.83	—	11.11	589.38
2008	81.97	21.40	—	13.83	689.69
2009	134.24	25.70	—	21.76	710.43
2010	184.92	29.17	—	19.06	842.18
2011	224.98	29.27	—	17.95	1056.02
2012	229.11	34.32	2.17	20.71	1205.45
2013	241.93	42.82	5.92	15.91	1391.67
2014	252.42	52.96	4.67	22.25	1532.12
2015	314.10	63.06	3.75	22.17	1526.60
2016	361.87	80.12	6.62	24.18	1617.81
2017	380.34	97.26	17.05	27.57	1894.87
2018	419.91	132.35	20.57	24.31	2251.15
2019	423.79	147.81	32.35	21.81	2485.23
2020	460.03	176.39	31.42	26.33	2616.23
2021	512.31	208.38	42.77	26.03	2947.60

注：自 2010 年起包括液化天然气数据；1 万吨 LNG 折合 0.138 亿立方米天然气；损失包括液化损失和储运过程中的损失。

数据来源：国家统计局历年《中国能源统计年鉴》。

表 1-45　分用途天然气消费结构

%

指标　年份	火力发电	供热	炼油及煤制油	损失	终端消费
2000	6.2	5.8	—	2.7	85.3
2001	4.7	6.0	—	2.3	87.1
2002	3.8	5.8	—	2.2	88.2
2003	3.9	4.1	—	2.0	90.0
2004	4.8	5.1	—	2.0	88.1
2005	6.5	5.0	—	2.2	85.5
2006	10.0	2.8	—	1.7	84.5
2007	11.4	2.8	—	1.6	83.6
2008	10.1	2.6	—	1.7	84.8
2009	15.0	2.9	—	2.4	79.4
2010	17.1	2.7	—	1.8	78.0
2011	16.8	2.2	—	1.3	78.7
2012	15.3	2.3	0.1	1.4	80.5
2013	14.2	2.5	0.3	0.9	81.6
2014	13.5	2.8	0.2	1.2	82.0
2015	16.3	3.3	0.2	1.1	79.0
2016	17.4	3.9	0.3	1.2	77.9
2017	15.9	4.1	0.7	1.2	79.2
2018	14.9	4.7	0.7	0.9	79.9
2019	13.9	4.8	1.1	0.7	81.2
2020	13.8	5.3	0.9	0.8	78.3
2021	13.6	5.5	1.1	0.7	78.1

数据来源：根据表 1-44 数据计算得到。

表 1-46　分用途天然气消费结构国际比较

%

指标 国家/地区	发电	热电联产	供热	能源工业 自用	终端消费	其他
世　界	28.5	10.0	1.8	9.2	48.6	1.8
OECD	31.0	7.5	0.5	9.8	50.3	0.9
非 OECD	26.4	12.1	2.9	8.8	47.1	2.6
美　国	34.9	5.6	0.0	9.2	49.9	0.4
俄罗斯	1.5	36.3	10.4	4.3	43.3	4.0
中　国	**8.9**	**10.4**	**0.0**	**8.6**	**72.0**	**0.1**
伊　朗	31.7	0.0	0.0	8.7	59.5	0.1
加拿大	13.5	1.7	0.0	30.5	45.8	8.6
沙特阿拉伯	64.5	0.0	0.0	4.0	31.5	0.0
日　本	69.9	0.0	0.3	1.0	28.5	0.0
墨西哥	49.6	5.7	0.0	24.6	20.1	0.0
德　国	7.4	15.9	2.2	2.3	72.2	0.0
英　国	24.3	4.6	3.6	7.3	59.8	0.4
阿联酋	51.2	0.0	0.0	1.0	47.8	0.0
意大利	15.5	25.6	0.5	2.5	55.7	0.2
印　度	25.5	0.0	0.0	13.9	60.6	0.0
埃　及	60.4	0.0	0.0	11.1	28.5	0.0
韩　国	36.8	19.4	0.2	0.3	43.3	0.0
土耳其	23.0	5.0	0.0	3.2	67.1	1.7
泰　国	64.4	0.0	0.0	19.4	16.2	0.0
阿根廷	33.5	0.0	0.0	11.6	48.4	6.5
法　国	10.2	6.7	2.0	1.5	79.1	0.5
乌兹别克斯坦	16.0	16.4	4.0	6.3	55.0	2.4
阿尔及利亚	41.7	0.0	0.0	8.5	48.8	1.1
巴基斯坦	27.8	0.0	0.0	0.5	66.6	5.1
巴　西	26.0	10.0	0.0	20.0	35.8	8.2
卡塔尔	22.6	0.0	0.0	29.1	20.3	28.0
澳大利亚	27.2	8.4	0.0	26.6	37.6	0.2
马来西亚	36.2	0.0	0.0	12.6	48.3	2.8

注：本表数据为 2020 年数据。

数据来源：根据 IEA，*World Energy Statistics*（2022 edition）相关数据计算得到。

第五节 电力消费

表 1-47　全社会用电量

指标 年份	全社会用电量		人均用电量	日均用电量
	绝对额 /亿千瓦时	增速 /%	绝对额 /(千瓦时/人)	绝对额 /(亿千瓦时/日)
2000	13472	11.4	1067	37
2001	14723	9.3	1158	40
2002	16465	11.8	1286	45
2003	19032	15.6	1477	52
2004	21971	15.4	1695	60
2005	24940	13.5	1913	68
2006	28588	14.6	2181	78
2007	32712	14.4	2482	90
2008	34541	5.6	2608	94
2009	37032	7.2	2782	101
2010	41934	13.2	3135	115
2011	47001	12.1	3494	129
2012	49763	5.9	3675	136
2013	54203	8.9	3976	149
2014	57830	6.7	4215	158
2015	58020	0.3	4205	159
2016	61205	5.5	4410	167
2017	65914	7.7	4721	181
2018	71508	8.5	5098	196
2019	74866	4.7	5318	205
2020	77620	3.7	5501	212
2021	85200	9.8	6032	233
2022	88267	3.6	6250	242

注：2022 年人均量根据年中人口数计算。

数据来源：2000—2021 年数据来自国家统计局《中国能源统计年鉴2022》；2022 年数据根据国家统计局《中华人民共和国 2022 年国民经济和社会发展统计公报》相关数据计算得到。

表 1-48　用电量国际比较

指标 国家/地区	2015 用电量/亿千瓦时	2016 用电量/亿千瓦时	2017 用电量/亿千瓦时	2018 用电量/亿千瓦时	2019 用电量/亿千瓦时	2020 用电量/亿千瓦时	人均用电量/(千瓦时/人)	用电量占比/%
世　界	201840.7	208724.1	215548.9	224964.5	228179.1	227766.0	3212	100.0
OECD	94866.4	96047.9	96247.5	97893.3	96831.6	94618.0	7534	41.5
非 OECD	106974.3	112676.1	119301.3	127071.2	131347.5	133148.0	2286	58.5
中　国	**48710.3**	**51590.9**	**56336.3**	**61779.9**	**65231.2**	**68282.0**	**5262**	**30.0**
美　国	37808.4	38139.4	37561.2	39008.8	38299.5	37777.9	12447	16.6
印　度	10175.7	10820.2	11436.4	12273.4	12663.1	11821.9	928	5.2
日　本	9494.9	9507.0	9647.3	9456.9	9272.6	9074.0	7728	4.0
俄罗斯	7323.4	7439.7	7608.8	7595.8	7556.4	7496.1	6838	3.3
加拿大	4983.3	4941.9	5146.1	5245.7	5322.9	5230.4	14759	2.3
韩　国	4953.1	5172.7	5232.4	5313.7	5238.2	5126.9	10814	2.3
巴　西	4916.5	4921.3	4989.8	5078.1	5137.5	5093.2	2541	2.3
德　国	5149.5	5175.5	5189.5	5093.9	4965.2	4798.1	6333	2.1
法　国	4350.3	4427.4	4393.7	4371.0	4317.0	4113.6	6629	1.8
沙特阿拉伯	3046.0	3066.2	3081.7	3098.0	2996.2	3027.8	10311	1.3
英　国	3036.8	3042.7	2998.6	3008.0	2964.5	2804.9	4515	1.2
意大利	2874.8	2860.3	2919.7	2930.8	2919.3	2752.0	4969	1.2
印度尼西亚	2028.5	2160.2	2231.3	2667.8	2704.0	2755.8	980	1.2
伊　朗	2110.8	2409.6	2572.6	2587.2	2613.7	2659.7	3413	1.2
土耳其	2145.0	2280.7	2457.6	2549.3	2532.1	2587.2	2061	1.1
墨西哥	2574.5	2703.7	2719.2	2735.9	2800.8	2588.5	2621	1.1
西班牙	2320.4	2325.2	2391.0	2384.7	2345.3	2196.6	4586	1.0
澳大利亚	2126.2	2138.9	2130.6	2153.7	2165.5	2166.9	9886	1.0

注：本表数据为 *Total Final Consumption*，不包括能源工业自用与线损。

数据来源：IEA，*World Energy Balances*（2022 edition）。

表1-49 分地区全社会用电量

单位：亿千瓦时

年份 地区	2015	2016	2017	2018	2019	2020	2021
北 京	951	1020	1067	1142	1166	1140	1233
天 津	851	862	857	939	964	973	1026
河 北	3176	3228	3580	3981	4065	4083	4560
山 西	1737	1797	1991	2276	2340	2450	2692
内蒙古	2543	2605	2892	3353	3653	3999	4068
辽 宁	1985	2083	2173	2392	2483	2520	2674
吉 林	652	668	703	751	780	805	843
黑龙江	869	897	929	974	1018	1036	1144
上 海	1406	1486	1527	1567	1569	1576	1750
江 苏	5115	5459	5808	6128	6264	6374	7101
浙 江	3554	3873	4193	4533	4706	4830	5514
安 徽	1640	1795	1921	2135	2301	2428	2716
福 建	1852	1969	2113	2314	2402	2498	2867
江 西	1087	1183	1294	1429	1536	1627	1863
山 东	5414	5920	6297	6581	6831	6965	7398
河 南	3367	3403	3386	3660	3605	3604	3755
湖 北	1882	1960	2021	2166	2323	2184	2472
湖 南	1448	1496	1582	1745	1864	1929	2155
广 东	5311	5610	5959	6323	6696	6926	7867
广 西	1390	1450	1529	1743	1907	2025	2309
海 南	272	287	305	327	355	363	405
重 庆	875	919	993	1114	1160	1187	1341
四 川	2013	2101	2205	2459	2636	2880	3286
贵 州	1174	1242	1385	1482	1541	1586	1743
云 南	1439	1411	1538	1679	1812	2025	2138
西 藏	41	49	58	69	78	82	101
陕 西	1234	1473	1600	1744	1910	1981	2234
甘 肃	1099	1065	1164	1290	1288	1376	1495
青 海	658	638	687	738	716	746	864
宁 夏	878	887	978	1065	1084	1153	1249
新 疆	2191	2363	2576	2817	3003	3174	3532

数据来源：国家统计局历年《中国能源统计年鉴》，其中西藏自治区数据来自国家统计局历年《中国统计年鉴》。

表 1-50　分行业用电量

单位：亿千瓦时

行业＼年份	2015	2016	2017	2018	2019	2020	2021
农、林、牧、渔业	1039.8	1091.9	1175.1	1242.5	1336.2	1422.1	1596.5
工业	41550.0	42996.9	46052.8	49094.9	50698.3	52353.4	56622.3
采矿业	2377.7	2290.9	2403.6	2577.0	2776.9	2566.0	2818.5
制造业	31178.1	32132.0	34687.6	36935.8	38108.5	39853.4	43406.9
1. 纺织业	1561.6	1592.7	1684.9	1748.4	1760.2	1650.4	1889.9
2. 化学原料及化学制品制造业	4754.0	4874.6	5122.3	5449.2	5427.4	5781.1	6133.6
3. 非金属矿物制品业	3105.4	3188.0	3305.1	3506.4	3760.6	3929.5	4152.1
4. 黑色金属冶炼及压延加工业	5332.6	5281.7	5583.5	6142.4	6459.7	6785.6	7117.9
5. 有色金属冶炼及压延加工业	5505.5	5671.4	6373.5	6698.1	6673.7	7132.9	7440.5
6. 金属制品业	1264.2	1370.7	1848.4	1623.2	1672.8	1551.9	1735.6
7. 通用设备制造业	774.4	828.6	914.0	993.6	1007.4	1077.5	1251.4
8. 专用设备制造业	431.0	418.2	423.9	450.8	499.4	498.5	557.5
9. 电气机械和器材制造业	706.2	736.5	745.6	802.0	859.3	942.9	1170.5
10. 计算机、通用和其他电子设备制造业	938.6	1004.2	1106.8	1391.2	1500.5	1570.6	1880.0
电力、热力、燃气及水生产和供应业	7994.2	8574.1	8961.6	9582.1	9812.8	9934.1	10397.0
建筑业	698.7	725.6	789.2	887.8	991.2	1011.1	1132.9
交通运输、仓储和邮政业	1125.6	1251.5	1418.0	1608.5	1752.3	1751.0	1993.0
批发和零售业、住宿和餐饮业	2122.0	2323.8	2526.7	2900.4	3187.1	3169.0	3869.6
居民生活	7565.2	8420.6	9071.6	10057.6	10637.2	11396.5	12278.9

数据来源： 国家统计局历年《中国能源统计年鉴》。

表 1-51　分行业用电结构

%

年份 行业	2015	2016	2017	2018	2019	2020	2021
农、林、牧、渔业	1.79	1.78	1.78	1.74	1.78	1.83	1.87
工业	71.61	70.25	69.87	68.66	67.72	67.45	66.46
采矿业	4.10	3.74	3.65	3.60	3.71	3.31	3.31
制造业	53.74	52.50	52.63	51.65	50.90	51.34	50.95
1. 纺织业	2.69	2.60	2.56	2.45	2.35	2.13	2.22
2. 化学原料及化学制品制造业	8.19	7.96	7.77	7.62	7.25	7.45	7.20
3. 非金属矿物制品业	5.35	5.21	5.01	4.90	5.02	5.06	4.87
4. 黑色金属冶炼及压延加工业	9.19	8.63	8.47	8.59	8.63	8.74	8.35
5. 有色金属冶炼及压延加工业	9.49	9.27	9.67	9.37	8.91	9.19	8.73
6. 金属制品业	2.18	2.24	2.80	2.27	2.23	2.00	2.04
7. 通用设备制造业	1.33	1.35	1.39	1.39	1.35	1.39	1.47
8. 专用设备制造业	0.74	0.68	0.64	0.63	0.67	0.64	0.65
9. 电气机械和器材制造业	1.22	1.20	1.13	1.12	1.15	1.21	1.37
10. 计算机、通用和其他电子设备制造业	1.62	1.64	1.68	1.95	2.00	2.02	2.21
电力、热力、燃气及水生产和供应业	13.78	14.01	13.60	13.40	13.11	12.80	12.20
建筑业	1.20	1.19	1.20	1.24	1.32	1.30	1.33
交通运输、仓储和邮政业	1.94	2.04	2.15	2.25	2.34	2.26	2.34
批发和零售业、住宿和餐饮业	3.66	3.80	3.83	4.06	4.26	4.08	4.54
居民生活	13.04	13.76	13.76	14.06	14.21	14.68	14.41

数据来源：根据表 1-50 数据计算得到。

表 1-52 终端电力消费结构国际比较

%

国家/地区	农、林业	工业	交通运输	商业与公共服务	生活	其他	总计/亿千瓦时
世　界	3.2	41.7	1.8	27.6	20.2	5.5	227766.0
OECD	2.0	30.8	1.2	32.7	30.4	2.8	94618.0
非 OECD	4.1	49.4	2.2	23.9	12.9	7.5	133148.0
中　国	**2.1**	**59.7**	**2.5**	**16.7**	**6.7**	**12.2**	**68282.0**
美　国	1.9	18.8	0.3	39.2	33.6	6.2	37777.9
巴　西	5.8	34.6	36.1	12.7	5.4	5.3	25938.4
印　度	18.2	42.3	1.6	25.5	7.5	5.0	11821.9
日　本	0.3	35.1	1.9	29.2	33.5	0.0	9074.0
俄罗斯	2.6	44.4	10.3	21.8	20.8	0.0	7496.1
加拿大	2.0	35.1	1.4	33.8	27.7	0.0	5230.4
韩　国	2.7	51.2	0.6	13.8	31.1	0.6	5126.7
德　国	1.1	44.0	2.3	26.5	26.1	0.0	4798.1
法　国	1.9	25.7	2.0	39.3	30.7	0.3	4113.6
沙特阿拉伯	1.6	15.4	0.0	45.5	37.5	0.2	3027.8
英　国	1.1	29.9	1.8	38.4	28.4	0.4	2804.9
意大利	2.2	42.6	3.7	24.1	27.3	0.1	2752.0
伊　朗	15.0	33.4	0.2	33.5	16.0	1.8	2659.7
印度尼西亚	0.9	33.4	0.0	43.6	22.0	0.1	2755.8
墨西哥	4.7	54.8	0.4	23.0	10.3	6.9	2588.5
土耳其	4.4	44.9	0.6	23.5	26.7	0.1	2587.2
西班牙	2.3	31.4	1.5	33.3	30.6	0.8	2196.6
澳大利亚	0.9	35.8	2.9	27.9	32.4	0.0	2166.9

注：本表数据为 2022 年数据。

数据来源：根据 IEA，*World Energy Statistics*（2022 edition）相关数据计算得到。

表 1-53　各地区分行业终端用电结构

%

地区＼行业	第一产业	第二产业	其中：工业	第三产业	居民生活
北　京	0.8	25.0	22.8	51.0	23.2
天　津	1.5	64.2	62.8	20.6	13.6
河　北	1.5	66.9	65.8	17.8	13.8
山　西	0.8	76.8	75.7	12.8	9.6
内蒙古	0.8	87.6	87.2	7.6	4.1
辽　宁	1.9	70.2	69.4	15.4	12.5
吉　林	2.1	58.6	57.1	22.0	17.3
黑龙江	2.9	59.4	58.5	19.4	18.3
上　海	0.3	49.7	48.7	34.1	15.9
江　苏	0.9	71.1	70.1	15.7	12.3
浙　江	0.4	70.2	68.3	16.0	13.4
安　徽	1.4	65.1	63.4	17.8	15.7
福　建	1.6	63.9	62.7	15.8	18.7
江　西	0.7	65.2	63.7	16.9	17.3
山　东	1.4	76.7	75.7	11.3	10.6
河　南	1.5	60.7	59.3	18.6	19.1
湖　北	1.2	61.4	59.9	19.1	18.4
湖　南	1.0	52.8	51.4	19.5	26.7
广　东	1.8	59.9	58.9	21.6	16.7
广　西	1.7	64.3	62.7	14.2	19.8
海　南	4.9	39.0	36.2	36.0	20.1
重　庆	0.4	58.7	56.8	23.1	17.7
四　川	0.7	63.5	61.7	18.6	17.1
贵　州	1.0	60.9	59.1	17.0	21.1
云　南	1.1	71.7	69.6	13.4	13.8
陕　西	0.9	65.8	64.3	18.5	14.8
甘　肃	0.9	74.7	73.6	16.0	8.3
青　海	0.1	87.9	87.2	7.3	4.6
宁　夏	0.9	88.8	88.4	7.2	3.1
新　疆	2.4	79.1	78.5	13.5	4.9

注：本表数据为 2021 年数据。

数据来源：根据中国电力企业联合会《中国电力统计年鉴 2022》相关数据计算得到。

第二章　能源投资

表2-1 能源工业分行业投资

单位：亿元

行业 / 年份	能源工业投资总额	煤炭开采和洗选业	石油和天然气开采业	电力、蒸汽、热水生产和供应业	石油加工及炼焦业	煤气生产和供应业	能源工业投资额占全社会固定资产投资额的比例/%
2000	3991	211	789	2744	173	74	12.1
2001	3818	222	810	2468	242	77	10.3
2002	4262	301	815	2823	236	87	9.8
2003	5160	436	946	3304	321	152	9.6
2004	7505	690	1112	4854	638	210	11.3
2005	10206	1163	1464	6503	801	275	12.6
2006	11826	1459	1822	7274	939	331	12.1
2007	13699	1805	2225	7907	1415	347	11.6
2008	16346	2399	2675	9024	1828	420	11.3
2009	19478	3057	2791	11139	1840	651	10.7
2010	21627	3785	2928	11915	2035	964	9.9
2011	23046	4907	3022	11603	2268	1244	9.7
2012	25500	5370	3077	12948	2500	1605	9.1
2013	29009	5213	3821	14726	3039	2210	8.8
2014	31515	4684	3948	17432	3208	2242	8.4
2015	32562	4007	3425	20260	2539	2331	8.0
2016	32837	3038	2331	22638	2696	2135	7.6
2017	32259	2648	2649	22055	2677	2230	7.0
2018	29969	2804	2630	19342	2947	2373	6.1
2019	32276	3634	3306	19304	3313	2802	6.3
2020	34503	3609	4285	22585	3624	3043	6.5
2021	35918	4009	4465	23308	3914	2976	6.5

注：2018—2021 年数据根据增速计算得到。

数据来源：国家统计局历年《中国能源统计年鉴》《中国统计年鉴2022》。

表2-2 能源工业分行业投资构成

%

年份 \ 行业	煤炭开采和洗选业	石油和天然气开采业	电力、蒸汽、热水生产和供应业	石油加工及炼焦业	煤气生产和供应业
2000	5.3	19.8	68.8	4.3	1.9
2001	5.8	21.2	64.6	6.3	2.0
2002	7.1	19.1	66.2	5.5	2.1
2003	8.5	18.3	64.1	6.2	2.9
2004	9.2	14.8	64.7	8.5	2.8
2005	11.4	14.3	63.7	7.9	2.7
2006	12.3	15.4	61.5	7.9	2.8
2007	13.2	16.3	57.7	10.3	2.5
2008	14.7	16.4	55.2	11.2	2.6
2009	15.7	14.3	57.2	9.5	3.3
2010	17.5	13.5	55.1	9.4	4.5
2011	21.3	13.1	50.4	9.8	5.4
2012	21.1	12.1	50.8	9.8	6.3
2013	18.0	13.2	50.8	10.5	7.6
2014	14.9	12.5	55.3	10.2	7.1
2015	12.3	10.5	62.2	7.8	7.2
2016	9.3	7.1	68.9	8.2	6.5
2017	8.2	8.2	68.4	8.3	6.9
2018	7.3	11.0	65.8	10.0	5.9
2019	8.6	15.5	59.5	10.1	6.3
2020	8.0	10.2	65.0	10.4	6.4
2021	8.5	10.3	64.5	10.8	6.0

数据来源：国家统计局历年《中国能源统计年鉴》。

表 2-3 分地区能源工业投资

单位：亿元

地区＼年份	2015	2016	2017	2018	2019	2020	2021
北　京	181	223	418	222	184	146	126
天　津	591	422	493	588	742	770	807
河　北	1643	2053	2170	2528	2465	2588	2459
山　西	2582	2121	1182	1251	1421	1730	1547
内蒙古	2133	2232	2011	1762	1985	2241	2730
辽　宁	701	451	769	738	903	787	826
吉　林	785	736	683	604	398	426	625
黑龙江	680	625	735	774	900	914	1129
上　海	145	163	158	165	150	137	191
江　苏	1455	1584	1570	1185	1108	1723	1430
浙　江	919	998	1030	813	736	1009	1103
安　徽	757	910	1081	824	740	859	974
福　建	862	1010	949	841	938	1121	973
江　西	464	710	623	470	516	577	540
山　东	2332	2950	3383	2666	2295	2337	2243
河　南	1154	1662	1922	1834	2156	2389	2372
湖　北	643	760	928	885	865	819	1003
湖　南	733	744	828	982	1084	1623	1555
广　东	1282	1349	1540	1619	1831	2136	2948
广　西	662	811	810	675	779	991	921
海　南	127	115	106	192	227	268	298
重　庆	633	463	393	328	376	461	460
四　川	1603	1660	1563	1479	1644	1278	1683
贵　州	622	648	537	592	980	1283	1477
云　南	1364	1005	689	777	912	865	946
西　藏	154	189	285	228	230	287	177
陕　西	1697	1803	1799	1835	2083	1816	2069
甘　肃	826	683	357	320	405	351	663
青　海	511	497	410	524	705	769	656
宁　夏	786	673	549	540	418	599	614
新　疆	2998	1886	1344	1361	1504	1584	1557

注：2018—2021 年数据根据增速计算得到。

数据来源：国家统计局《中国能源统计年鉴 2018》《中国能源统计年鉴 2022》。

表 2-4 分地区煤炭采选业投资

单位：亿元

年份 地区	2015	2016	2017	2018	2019	2020	2021
北　京	0.1	—	—	—	—	—	—
天　津	—	0.7	0.7	3.0	—	—	—
河　北	111.9	51.3	45.0	47.3	30.3	19.2	14.6
山　西	1047.1	769.2	374.9	398.5	465.1	404.6	446.3
内蒙古	509.0	452.8	590.0	385.3	462.7	385.4	418.2
辽　宁	24.8	7.9	5.5	6.1	10.1	6.4	10.4
吉　林	45.6	57.8	24.8	33.1	46.2	33.5	53.6
黑龙江	96.8	82.2	98.4	130.6	138.2	122.4	197.7
上　海	—	—	—	—	—	—	—
江　苏	3.8	14.0	7.6	8.4	8.7	10.3	10.3
浙　江	0.1	0.1	0.1	0.1	0.1	0.1	0.1
安　徽	110.5	50.2	50.1	68.5	71.7	91.1	109.5
福　建	107.8	50.3	18.3	55.7	13.6	12.6	13.8
江　西	29.2	32.8	24.0	12.0	3.3	8.6	4.6
山　东	75.9	78.7	89.9	49.3	66.9	66.1	30.4
河　南	100.0	67.4	124.4	102.8	135.5	241.5	168.8
湖　北	32.0	22.6	17.1	5.4	2.0	1.3	0.3
湖　南	192.8	166.9	119.0	137.3	103.0	86.3	64.6
广　东	—	0.3	—	—	—	—	—
广　西	10.1	4.8	3.9	1.7	1.0	0.9	2.3
海　南	—	—	—	—	—	—	—
重　庆	67.8	31.8	14.2	6.6	5.4	13.0	4.0
四　川	161.4	111.0	92.7	168.5	224.0	185.5	179.9
贵　州	257.1	329.8	195.7	455.8	936.6	995.6	1390.9
云　南	204.9	155.4	158.8	140.7	213.7	172.9	200.2
西　藏	—	0.0	0.1	0.1	0.1	0.1	0.1
陕　西	381.0	281.2	335.5	358.3	507.7	517.4	557.7
甘　肃	87.6	43.6	28.8	46.4	44.7	62.6	66.4
青　海	33.7	16.5	11.3	5.1	3.7	13.6	36.6
宁　夏	72.5	25.1	131.2	140.9	143.4	146.2	142.5
新　疆	243.4	133.1	86.5	94.8	120.9	159.1	158.5

注：2018—2021 年数据根据增速计算得到。

数据来源：国家统计局《中国能源统计年鉴 2018》《中国能源统计年鉴 2022》。

表2-5 分地区石油和天然气开采业投资

单位：亿元

年份\地区	2015	2016	2017	2018	2019	2020	2021
北　京	—	—	—	—	—	—	—
天　津	261.7	101.1	169.6	230.7	340.2	324.9	358.0
河　北	33.6	30.7	19.0	15.4	23.3	15.1	17.7
山　西	124.1	63.0	32.2	38.8	60.1	96.3	96.0
内蒙古	42.6	115.6	111.5	50.8	111.0	174.6	541.4
辽　宁	85.0	47.8	94.3	83.2	90.8	98.3	110.1
吉　林	295.1	173.5	159.0	127.2	135.8	113.8	124.9
黑龙江	271.8	200.9	232.1	187.5	229.7	218.5	282.7
上　海	—	—	—	—	—	—	—
江　苏	44.3	17.3	27.1	19.5	3.8	2.6	8.8
浙　江	—	0.2					
安　徽	0.9	0.6	0.8	0.8	0.8	0.8	0.1
福　建	—	—	—	—	—	—	—
江　西	—	—	—	—	—	—	—
山　东	307.9	133.3	157.9	191.1	228.1	179.3	223.6
河　南	31.5	15.7	19.0	15.8	25.4	22.5	22.0
湖　北	1.1	5.1	6.8	17.0	19.4	25.9	17.5
湖　南	1.1		0.4	0.4	0.4	0.4	0.4
广　东	23.7	42.5	63.9	84.7	104.9	125.5	143.5
广　西	4.9	1.5	2.7	3.8	3.8	3.8	3.8
海　南	1.4	4.8	5.8	5.8	6.6	13.4	8.1
重　庆	138.9	75.6	58.4	39.0	66.2	100.3	90.1
四　川	129.8	92.0	145.4	243.5	286.4	111.4	124.1
贵　州	1.4	16.0	34.5	21.3	30.2	78.9	106.9
云　南	—	—	—	—	—	—	—
西　藏	0.3	0.2	—	—	—	—	—
陕　西	473.7	274.5	238.5	365.9	448.5	130.5	344.8
甘　肃	67.1	25.8	12.1	8.4	22.0	24.1	33.1
青　海	49.4	48.6	47.3	57.9	64.3	38.9	47.2
宁　夏	14.3	2.1	1.5	1.5	1.5	1.5	1.5
新　疆	543.1	357.5	402.8	491.0	646.7	525.1	567.1

注：2018—2021年数据根据增速计算得到。

数据来源：国家统计局《中国能源统计年鉴2018》《中国能源统计年鉴2022》。

表 2-6 分地区石油加工及炼焦业投资

单位：亿元

地区 \ 年份	2015	2016	2017	2018	2019	2020	2021
北 京	1.0	1.7	3.6	5.1	6.7	3.4	4.6
天 津	20.8	27	17.3	38.4	55.8	85.4	37.7
河 北	170.4	278.8	375.4	477.9	369.4	257.8	340.9
山 西	135.1	110.9	44.8	52.6	130.4	295.0	323.9
内蒙古	99.8	84.9	104.3	62.3	126.2	209.8	351.4
辽 宁	146.1	140.7	174.1	204.9	337.5	256.2	129.6
吉 林	17.8	51.9	32.3	55.5	36.5	19.4	29.4
黑龙江	24.4	31.6	33.5	98.3	197.5	238.4	67.7
上 海	4.5	4.3	13.3	6.0	17.1	9.0	19.9
江 苏	160.1	147.1	121.6	103.8	153.3	206.0	408.1
浙 江	90.3	88.1	82.7	66.9	56.8	117.8	138.7
安 徽	29.4	35.4	30	49.7	67.0	106.8	146.0
福 建	61.1	67.9	118.2	146.7	203.7	174.4	57.4
江 西	16.8	24.4	29.8	33.6	45.5	37.2	33.2
山 东	441.7	490.4	542.2	456.0	278.2	226.7	213.3
河 南	99.8	88.4	95.8	106.3	132.0	129.9	222.1
湖 北	67	36.3	51.1	79.9	66.1	57.3	49.5
湖 南	30.4	25.7	17.5	71.1	130.4	149.7	169.8
广 东	258.7	270.2	242.9	242.9	275.9	357.3	575.7
广 西	48.9	27.4	57.7	102.5	168.4	249.7	118.3
海 南	30.3	17.5	12.1	7.2	12.9	46.3	110.5
重 庆	65.9	18.2	8.5	5.2	3.6	11.1	9.7
四 川	48.8	61.8	78.8	45.9	51.1	71.7	60.8
贵 州	7.5	5.1	5.3	50.1	47.6	32.9	18.5
云 南	83.9	76.5	9.8	16.0	33.6	43.8	25.0
西 藏	0.2	2.3	0.6	0.1	0.01	0.02	0.1
陕 西	135.5	203.3	221.6	265.0	242.5	170.7	144.1
甘 肃	18.8	32.3	14.4	27.0	31.4	22.0	26.0
青 海	0.9	5.2	2.5	0.4	2.2	2.3	1.3
宁 夏	21.4	28.1	47.7	208.7	174.5	287.4	325.6
新 疆	201.3	212.8	88	101.2	88.2	75.9	65.7

注：2018—2021 年数据根据增速计算得到。

数据来源：国家统计局《中国能源统计年鉴 2018》《中国能源统计年鉴 2022》。

表 2-7　分地区煤气生产和供应业投资

单位：亿元

年份\地区	2015	2016	2017	2018	2019	2020	2021
北　京	11.3	33.1	69.9	37.3	22.5	11.0	16.4
天　津	59.0	31.9	29.0	78.3	61.0	100.9	140.2
河　北	221.9	216.1	322.5	364.7	477.1	659.3	466.8
山　西	149.9	173.9	67.1	53.7	68.4	45.3	36.2
内蒙古	93.9	72.5	129.6	80.1	111.0	98.6	45.4
辽　宁	69.5	11.1	16.5	31.5	26.3	21.5	24.7
吉　林	67.3	69.0	71.9	78.7	49.4	28.1	46.8
黑龙江	34.9	48.7	35.7	32.9	37.1	36.1	29.6
上　海	8.1	12.1	4.9	3.5	9.9	5.1	0.6
江　苏	75.8	77.9	92.2	72.2	70.0	82.2	60.8
浙　江	52.7	82.9	54.2	45.3	55.3	53.1	36.8
安　徽	40.3	46.9	43.9	36.7	58.6	85.3	88.5
福　建	63.5	45.9	40.2	40.8	55.7	40.5	58.5
江　西	48.0	52.3	35.6	37.9	55.1	35.7	26.6
山　东	173.1	122.6	158.0	124.8	118.1	137.7	195.0
河　南	212.0	151.4	178.7	177.8	289.3	356.1	330.8
湖　北	59.6	81.4	87.1	102.5	95.3	71.6	95.9
湖　南	75.0	70.4	83.5	98.3	176.3	214.4	194.0
广　东	85.5	71.6	73.1	65.5	106.6	117.2	147.0
广　西	102.4	101.9	48.6	51.2	58.4	53.0	80.7
海　南	13.0	0.6	2.3	2.0	9.1	9.1	10.1
重　庆	91.9	68.8	84.4	48.3	61.4	86.8	78.8
四　川	151.7	170.5	175.9	337.4	286.4	329.1	294.6
贵　州	16.9	29.6	19.9	31.5	53.9	55.3	68.9
云　南	42.5	44.6	53.0	49.9	63.0	41.2	41.4
西　藏	1.1	2.6	0.9	1.1	0.0	0.0	0.0
陕　西	90.6	90.1	127.3	175.7	190.3	181.7	166.1
甘　肃	60.4	54.1	25.7	18.1	22.1	23.7	26.0
青　海	7.5	7.2	8.9	14.4	69.1	32.9	15.6
宁　夏	14.7	24.0	12.3	47.1	33.2	31.6	38.1
新　疆	137.4	66.2	77.0	40.8	33.3	46.3	60.1

注：2018—2021 年数据根据增速计算得到。

数据来源：国家统计局《中国能源统计年鉴 2018》《中国能源统计年鉴 2022》。

表 2-8　分地区电力、蒸汽、热水生产和供应业投资

单位：亿元

地区 \ 年份	2015	2016	2017	2018	2019	2020	2021
北　京	169	188	344	179	153	128	104
天　津	249	261	276	243	280	269	268
河　北	1105	1476	1408	1626	1577	1675	1627
山　西	1126	1004	663	706	687	857	611
内蒙古	1387	1506	1075	1077	1120	1282	1416
辽　宁	375	244	478	413	439	405	549
吉　林	359	384	395	338	172	237	381
黑龙江	252	262	335	382	381	397	600
上　海	132	147	140	156	123	123	171
江　苏	1171	1328	1321	984	870	1402	914
浙　江	776	827	893	700	625	832	920
安　徽	576	777	956	673	555	603	669
福　建	630	845	772	615	634	876	859
江　西	370	598	533	385	408	493	473
山　东	1333	2125	2435	1812	1569	1723	1564
河　南	711	1340	1504	1427	1574	1678	1635
湖　北	484	614	766	676	678	655	840
湖　南	433	481	607	694	693	1138	1093
广　东	914	965	1161	1223	1339	1538	2104
广　西	496	676	697	556	626	794	756
海　南	82	91	86	144	162	123	123
重　庆	269	269	227	219	224	234	257
四　川	1111	1225	1071	829	938	736	1126
贵　州	339	268	282	216	299	477	455
云　南	1033	728	467	549	600	592	667
西　藏	152	184	284	227	230	285	177
陕　西	616	954	877	659	672	840	851
甘　肃	592	527	276	217	285	223	513
青　海	420	419	340	441	606	714	584
宁　夏	663	593	356	289	206	315	278
新　疆	1873	1117	690	603	547	761	674

注：2018—2021 年数据根据增速计算得到。

数据来源：国家统计局《中国能源统计年鉴 2018》《中国能源统计年鉴 2022》。

表 2-9 电力工程建设完成投资额

单位：亿元

年份	电力工程	电源	电网
2000	—	642	—
2001	—	593	—
2002	—	677	—
2003	—	1880	—
2004	3285	2048	1237
2005	4754	3228	1526
2006	5288	3195	2093
2007	5677	3226	2451
2008	6302	3407	2895
2009	7702	3803	3898
2010	7417	3969	3448
2011	7614	3927	3687
2012	7393	3732	3661
2013	7728	3872	3856
2014	7805	3686	4119
2015	8576	3936	4640
2016	8840	3408	5431
2017	8239	2900	5339
2018	8161	2787	5374
2019	8295	3283	5012
2020	10189	5292	4896
2021	10786	5870	4916
2022	12220	7208	5012

数据来源：2000—2007 年数据来自中国电力企业联合会历年《电力工业统计资料汇编》；2008—2021 年数据来自中国电力企业联合会历年《电力工业统计基本数据一览表》；2022 年数据来自中国电力企业联合会《2022 年全国电力工业统计快报一览表》。

表2-10 分电源完成投资额

单位：亿元

年份＼电源	火电	核电	水电	风电	太阳能发电
2000	383	151	109	—	—
2001	337	140	115	—	—
2002	380	136	161	—	—
2003	—	—	—	—	—
2004	1437	40	554	13	—
2005	2271	34	862	45	—
2006	2229	94	784	63	—
2007	2004	164	859	171	—
2008	1679	329	849	527	—
2009	1544	584	867	782	—
2010	1426	648	819	1038	—
2011	1133	764	971	902	155
2012	1002	784	1239	607	99
2013	1016	660	1223	650	323
2014	1145	533	943	915	150
2015	1163	565	789	1200	218
2016	1119	504	617	927	241
2017	858	454	622	681	285
2018	786	447	700	646	207
2019	634	382	839	1244	184
2020	568	379	1067	2653	625
2021	708	539	1173	2589	861
2022	909	677	863	—	—

数据来源：2000—2007年数据来自中国电力企业联合会历年《电力工业统计资料汇编》；2008—2021年数据来自中国电力企业联合会历年《电力工业统计基本数据一览表》；2022年数据来自中国电力企业联合会《2022年全国电力工业统计快报一览表》。

表2-11 分电源完成投资结构

%

年份 \ 电源	火电	核电	水电	风电	太阳能发电
2000	59.7	23.5	17.0	—	—
2001	56.8	23.6	19.4	—	—
2002	56.1	20.1	23.8	—	—
2003	—		—	—	—
2004	70.2	2.0	27.1	0.6	—
2005	70.4	1.1	26.7	1.4	—
2006	69.8	2.9	24.5	2.0	—
2007	62.1	5.1	26.6	5.3	—
2008	49.3	9.7	24.9	15.5	—
2009	40.6	15.4	22.8	20.6	—
2010	35.9	16.3	20.6	26.2	—
2011	28.9	19.5	24.7	23.0	3.9
2012	26.8	21.0	33.2	16.3	2.7
2013	26.2	17.0	31.6	16.8	8.3
2014	31.1	14.5	25.6	24.8	4.1
2015	29.5	14.4	20.0	30.5	5.5
2016	32.8	14.8	18.1	27.2	7.1
2017	29.6	15.7	21.4	23.5	9.8
2018	28.2	16.0	25.1	23.2	7.4
2019	19.3	11.6	25.6	37.9	5.6
2020	10.7	7.2	20.2	50.1	11.8
2021	12.1	9.2	20.0	44.1	14.7
2022	12.6	9.4	12.0	—	—

数据来源： 根据表2-9和表2-10数据计算得到。

第三章　能源资源

第一节 煤 炭 资 源

表3-1 煤 炭 储 量

指标 年份	基础储量 /亿吨	查明资源量 /亿吨	基础储量 储采比
2000	—	10071.0	—
2001		10063.0	
2002	3317.6	10033.0	214
2003	3342.0	—	182
2004	3373.4	10022.0	159
2005	3326.4		141
2006	3334.8	11597.8	130
2007	3261.3	11804.5	118
2008	3261.4	12464.0	112
2009	3189.6	13096.8	102
2010	2793.9	13408.3	82
2011	2157.9	13778.9	57
2012	2298.9	14208.0	58
2013	2362.9	14842.9	59
2014	2399.9	15317.0	62
2015	2440.1	15663.1	65
2016	2492.3	15980.0	73
2017	—	16666.7	
2018		17085.7	
2019	—	17188.2	
2020	1622.9	—	42
2021	2078.9		50

注：（1）煤炭基础储量即满足现行采矿和生产所需的指标要求，控制的、探明的，通过可行性研究认为属于经济的、边际经济的部分；（2）2020年和2021年数据为探明资源量和控制资源量中可经济采出的部分；（3）煤炭查明资源量为已发现煤炭资源的总和；（4）煤炭储采比＝年末煤炭基础储量/年原煤产量，表示按照现有生产水平的煤炭储量可使用年数。

数据来源：国家统计局历年《中国统计年鉴》；国家统计局网站http：//data. stats. gov. cn/；查明资源量数据来自自然资源部历年《中国矿产资源报告》。

表 3-2　煤炭探明储量国际比较

国家/地区 \ 地区	无烟煤和烟煤/百万吨	次烟煤和褐煤/百万吨	总储量/百万吨	占比/%	储采比
世　界	753639	320469	1074108	100.0	139
OECD	331303	177130	508433	47.3	363
非 OECD	422336	143339	565675	52.7	90
美　国	218938	30003	248941	23.2	*
俄罗斯	71719	90447	162166	15.1	407
澳大利亚	73719	76508	150227	14.0	315
中　国	**135069**	**8128**	**143197**	**13.3**	**37**
印　度	105979	5073	111052	10.3	147
欧　盟	25539	53051	78590	7.3	266
德　国	—	35900	35900	3.3	334
印度尼西亚	23141	11728	34869	3.2	62
乌克兰	32039	2336	34375	3.2	*
波　兰	22530	5865	28395	2.6	282
哈萨克斯坦	25605	—	25605	2.4	226
土耳其	550	10975	11525	1.1	168

注：（1）本表数据为 2020 年底数据；（2）煤炭的"探明储量"是指通过地质与工程信息以合理的确定性表明，在现有的经济与作业条件下，将来可从已知储层采出的煤炭储量，即基础储量中的剩余可采储量；（3）储采比表明尚存的可采储量，如按照当前实际或计划开采水平开采，尚可开采多少年。* 表示超过 500 年。

数据来源：*BP Statistical Review of World Energy* 2022。

表3-3 分地区煤炭储量

单位：亿吨

地区 \ 年份	2015	2020	2021	2021 占比 /%
北　京	3.9	1.0	1.0	0.05
天　津	3.0	—	0.0	—
河　北	42.5	26.1	26.4	1.27
山　西	921.3	507.3	494.2	23.77
内蒙古	492.8	194.5	327.0	15.73
辽　宁	26.8	12.6	11.5	0.55
吉　林	9.8	7.0	7.0	0.33
黑龙江	61.6	25.8	37.0	1.78
江　苏	10.5	3.7	3.1	0.15
浙　江	0.4	0.2	0.2	0.01
安　徽	84.0	58.3	60.0	2.88
福　建	4.1	2.5	2.7	0.13
江　西	3.4	2.1	1.9	0.09
山　东	77.6	41.3	33.4	1.61
河　南	86.0	33.7	45.1	2.17
湖　北	3.2	0.1	0.2	0.01
湖　南	6.6	4.9	4.9	0.24
广　东	0.2	0.01	0.01	0.00
广　西	0.9	0.9	1.7	0.08
海　南	1.2	0.0	0.0	—
重　庆	17.6	1.9	0.0	—
四　川	53.8	26.7	29.0	1.39
贵　州	101.7	91.4	134.9	6.49
云　南	59.6	44.5	74.1	3.57
西　藏	0.1	0.1	0.1	0.01
陕　西	126.6	293.9	310.6	14.94
甘　肃	32.5	15.3	41.5	2.00
青　海	12.5	2.3	10.0	0.48
宁　夏	37.4	35.0	57.0	2.74
新　疆	158.7	190.1	364.5	17.53

注：2015 年数据为基础储量，2020 年和 2021 年为剩余经济可采储量。

数据来源：2015 年数据来自国家统计局《中国统计年鉴 2016》；2020—2021 年数据来自自然资源部《2020 年全国矿产资源储量统计表》和《2021 年全国矿产资源储量统计表》。

第二节 石 油 资 源

表 3-4 原油剩余技术可采储量

年份 \ 指标	剩余技术可采储量 /亿吨	剩余技术储采比
2000	—	—
2001	—	—
2002	24.2	14.5
2003	24.3	14.3
2004	24.9	14.2
2005	24.9	13.7
2006	27.6	14.9
2007	28.3	15.2
2008	28.9	15.2
2009	29.5	15.6
2010	31.7	15.6
2011	32.4	16.0
2012	33.3	16.1
2013	33.7	16.0
2014	34.3	16.2
2015	35.0	16.3
2016	35.0	17.5
2017	35.4	18.5
2018	35.7	18.9
2019	35.5	18.5
2020	36.2	18.6
2021	36.9	18.5

注：储采比＝储量/产量。

数据来源：国家统计局历年《中国统计年鉴》；国家统计局网站 http：//data. stats. gov. cn/。

表 3-5　原油探明储量国际比较

单位：亿桶

年份 国家/地区	2015	2016	2017	2018	2019	2020	2020 占比/%	2020 储采比
世　界	16839	16903	17282	17361	17348	17324	100.0	53.5
OPEC	11808	11873	12132	12147	12147	12147	70.1	*
非 OPEC	5031	5029	5148	5230	5201	5177	29.9	24.5
OECD	2468	2446	2567	2637	2615	2600	15.0	25.2
非 OECD	14371	14456	14715	14724	14733	14724	85.0	66.9
委内瑞拉	3009	3023	3028	3038	3038	3038	17.5	*
沙特阿拉伯	2665	2662	2960	2977	2976	2975	17.2	73.6
加拿大	1715	1705	1718	1707	1691	1681	9.7	89.4
伊　朗	1584	1572	1556	1556	1578	1578	9.1	*
伊拉克	1425	1488	1472	1450	1450	1450	8.4	96.3
俄罗斯	1024	1063	1066	1072	1078	1078	6.2	27.6
科威特	1015	1015	1015	1015	1015	1015	5.9	*
阿联酋	978	978	978	978	978	978	5.6	73.1
美　国	480	500	612	689	688	688	4.0	11.4
利比亚	484	484	484	484	484	484	2.8	*
尼日利亚	371	375	375	370	369	369	2.1	56.1
哈萨克斯坦	300	300	300	300	300	300	1.7	45.3
中　国	**256**	**257**	**259**	**262**	**260**	**260**	**1.5**	**18.2**
卡塔尔	252	252	252	252	252	252	1.5	38.1

注：原油包括常规原油、致密油、油砂与天然气液，不包括转化衍生液体燃料，如：生物质油、煤制油、气制油。＊表示超过 100 年。

数据来源：*BP Statistical Review of World Energy* 2022。

表 3-6　分地区石油储量

单位：万吨

地区 \ 年份	2015	2020	2021	2021 占比 /%
北　京	—	—	11	0.00
天　津	3006	4000	3801	1.03
河　北	26422	25539	25119	6.81
山　西	—	—	—	—
内蒙古	8209	6677	10051	2.73
辽　宁	15053	14372	14257	3.87
吉　林	17799	16902	16760	4.54
黑龙江	44049	36287	33452	9.07
江　苏	2907	1951	1901	0.52
浙　江	—	—	—	—
安　徽	247	135	135	0.04
福　建	—	—	—	—
江　西	—	—	—	—
山　东	31124	25494	24322	6.59
河　南	4631	3022	2970	0.81
湖　北	1242	1056	1029	0.28
湖　南	—	—	—	—
广　东	14	12	16	0.00
广　西	129	146	144	0.04
海　南	327	455	591	0.16
重　庆	267	228	238	0.06
四　川	648	555	570	0.15
贵　州	—	—	—	—
云　南	12	10	10	0.00
西　藏	—	—	—	—
陕　西	38445	36813	37524	10.17
甘　肃	24110	39561	44681	12.11
青　海	7956	8252	8471	2.30
宁　夏	2371	4671	4064	1.10
新　疆	60113	62590	63356	17.18

数据来源：2015 年数据来自国家统计局《中国统计年鉴 2016》；2020—2021 年数据来自自然资源部《2020 年全国矿产资源储量统计表》和《2021 年全国矿产资源储量统计表》。

第三节 天然气资源

表 3-7 天然气剩余技术可采储量

年份 \ 指标	剩余技术可采储量/万亿立方米	剩余技术储采比
2000	—	—
2001	—	—
2002	2.0	61.8
2003	2.2	63.7
2004	2.5	61.0
2005	2.8	57.1
2006	3.0	51.3
2007	3.2	46.4
2008	3.4	42.4
2009	3.7	43.5
2010	3.8	39.5
2011	4.0	38.2
2012	4.4	39.6
2013	4.6	38.4
2014	4.9	38.0
2015	5.2	38.6
2016	5.4	39.7
2017	5.5	37.3
2018	5.8	36.2
2019	6.0	34.0
2020	6.3	32.6
2021	6.3	30.5

注：储采比＝储量/产量。

数据来源：国家统计局历年《中国统计年鉴》；国家统计局网站 http：//data. stats. gov. cn/。

表 3-8　天然气剩余探明国际比较

单位：万亿立方米

年份 国家/地区	2015	2016	2017	2018	2019	2020	2020 占比/%
世　界	181.2	183.5	187.8	189.1	190.3	188.1	100.0
OECD	16.5	16.5	19.9	20.2	20.0	20.3	10.8
非 OECD	164.7	167.0	168.0	168.9	170.3	167.8	89.2
俄罗斯	35.0	34.8	37.9	37.6	37.6	37.4	19.9
伊　朗	31.6	31.8	31.9	32.0	32.1	32.1	17.1
卡塔尔	25.1	24.9	24.7	24.7	24.7	24.7	13.1
土库曼斯坦	13.6	13.6	13.6	13.6	13.6	13.6	7.2
美　国	8.3	8.7	11.9	12.9	12.6	12.6	6.7
中　国	**4.7**	**5.5**	**6.1**	**6.4**	**8.4**	**8.4**	**4.5**
委内瑞拉	6.3	6.4	6.3	6.3	6.3	6.3	3.3
沙特阿拉伯	8.0	8.0	5.7	5.9	6.0	6.0	3.2
阿联酋	5.9	5.9	5.9	5.9	5.9	5.9	3.2
尼日利亚	5.0	5.2	5.3	5.4	5.5	5.5	2.9
伊拉克	3.0	3.6	3.6	3.5	3.5	3.5	1.9
阿塞拜疆	1.3	1.3	1.3	2.1	2.5	2.5	1.3
澳大利亚	2.4	2.4	2.4	2.4	2.4	2.4	1.3
加拿大	2.1	2.0	2.0	1.9	2.0	2.4	1.3
阿尔及利亚	4.3	4.3	4.3	4.3	4.3	2.3	1.2
哈萨克斯坦	1.7	2.3	2.3	2.3	2.3	2.3	1.2
埃　及	2.0	2.1	2.1	2.1	2.1	2.1	1.1

数据来源： *BP Statistical Review of World Energy 2022*。

表 3-9　分地区天然气储量

单位：亿立方米

年份 地区	2015	2020	2021	2021 占比 /%
北　京	—	—	0	0.00
天　津	274	293	293	0.46
河　北	317	372	362	0.57
山　西	419	1402	1247	1.97
内蒙古	8149	10124	9888	15.60
辽　宁	150	165	157	0.25
吉　林	685	767	826	1.30
黑龙江	1318	1495	1388	2.19
江　苏	23	21	21	0.03
浙　江	—	—	—	—
安　徽	0	0	0	0.00
福　建	—	—	—	—
江　西	—	—	—	—
山　东	342	344	340	0.54
河　南	72	63	63	0.10
湖　北	47	45	44	0.07
湖　南	—	—	—	—
广　东	1	1	1	0.00
广　西	1	1	1	0.00
海　南	3	21	21	0.03
重　庆	2642	2501	2639	4.16
四　川	12655	15275	15556	24.54
贵　州	6	6	6	0.01
云　南	1	0	0	0.00
西　藏	—	—	—	—
陕　西	7587	11096	11630	18.35
甘　肃	272	588	644	1.02
青　海	1397	1055	1094	1.72
宁　夏	273	281	335	0.53
新　疆	10202	11238	11175	17.63

数据来源： 2015 年数据来自国家统计局《中国统计年鉴 2016》；2020—2021 年数据来自自然资源部《2020 年全国矿产资源储量统计表》和《2021 年全国矿产资源储量统计表》。

表 3-10　分地区煤层气储量

单位：亿立方米

年份 地区	2020	2021	2021 占比/%
山　西	2936	3337	91.17
辽　宁	25	25	0.69
安　徽	16	16	0.43
四　川	41	39	1.08
贵　州	32	32	0.88
陕　西	266	211	5.75
合　计	3316	3660	100

数据来源：自然资源部《2020 年全国矿产资源储量统计表》和《2021 年全国矿产资源储量统计表》。

表 3-11　分地区页岩气储量

单位：亿立方米

年份 地区	2020	2021	2021 占比/%
重　庆	1499	1621	29.79
四　川	2528	3803	69.90
贵　州	—	17	0.31
合　计	4026	5441	100.00

数据来源：自然资源部《2020 年全国矿产资源储量统计表》和《2021 年全国矿产资源储量统计表》。

第四节　非化石能源资源

表 3-12　全国及分流域水力资源量

指标 流域	理论蕴藏量		技术可开发量	
	平均功率 /万千瓦	年发电量 /亿千瓦时	装机容量 /万千瓦	年发电量 /亿千瓦时
长江流域	27781	24336	25627	11879
黄河流域	4331	3794	3734	1361
珠江流域	3224	2824	3129	1354
海河流域	283	248	203	48
淮河流域	112	98	66	19
东北诸河	1661	1455	1682	465
东南沿海诸河	2028	1776	1907	593
西南诸河	9852	8630	7501	3732

注：数据统计范围为理论蕴藏量 10 兆瓦及以上的 3886 条河流。中国水力资源理论蕴藏量在 1 万千瓦及以上的河流共 3886 条，根据《水电发展"十三五"规划》，全国水资源可开发装机容量约 6.6 亿千瓦，年发电量约 3 万亿千瓦时。未来待开发水能资源集中在金沙江、雅砻江、大渡河、澜沧江、雅鲁藏布江等西南地区。

数据来源：国家发展和改革委《中国水力资源复查成果 2003》。

表 3-13 分地区水力资源量

地区 \ 指标	理论蕴藏量		技术可开发量	
	平均功率 /万千瓦	年发电量 /亿千瓦时	装机容量 /万千瓦	年发电量 /亿千瓦时
京津冀	227	199	175	37
山　西	563	494	402	121
内蒙古	581	509	262	73
辽　宁	203	178	177	60
吉　林	344	301	512	118
黑龙江	758	664	816	238
江　苏	174	152	6	2
浙　江	614	538	664	161
安　徽	312	274	107	30
福　建	1074	941	998	353
江　西	486	426	516	171
山　东	117	102	6	2
河　南	471	412	288	97
湖　北	1721	1507	3554	1386
湖　南	1327	1163	1202	486
广　东	607	532	540	198
海　南	84	74	76	21
广　西	1764	1545	1891	809
四　川	14352	12572	12004	6122
重　庆	2296	2012	981	446
贵　州	1809	1584	1949	778
云　南	10439	9144	10194	4919
西　藏	20136	17639	11000	5760
陕　西	1277	1119	662	222
甘　肃	1489	1304	1063	444
青　海	2187	1916	2314	913
宁　夏	210	184	146	59
新　疆	3818	3344	1656	713
全　国	69440	60829	54164	24740

数据来源：国家发展和改革委《中国水力资源复查成果2003》。

表 3-14 风能资源潜在开发量

陆地风能

离地面高度/米 指标	技术开发量/亿千瓦
70	75.5
100	98.7

近海风能
（100 米高度内）

水深范围 指标	技术开发量/亿千瓦
水深 5~25 米	1.9
水深 25~50 米	3.2

注：技术开发量统计范围是剔除不能开发和限制风能资源开发的区域后，对年平均风功率密度大于等于 150 瓦/平方米的区域。

数据来源：中国气象局发布的关于 2020 年我国陆上和近海风能资源的评估报告。

表 3-15　全国各地区 70 米高度风能资源量

地区 \ 指标	平均风速 /（米/秒）	平均风功率密度 /（瓦/平方米）
合　计	156.99	4968.84
北　京	4.54	134.09
天　津	5.11	153.33
河　北	5.06	175.27
山　西	4.99	160.36
内蒙古	6.47	284.44
辽　宁	5.78	225.30
吉　林	6.13	249.38
黑龙江	6.03	226.40
上　海	5.63	190.41
江　苏	5.09	144.90
浙　江	4.54	117.55
安　徽	4.85	128.94
福　建	4.36	111.47
江　西	4.58	117.00
山　东	5.22	164.78
河　南	4.83	135.91
湖　北	4.33	102.33
湖　南	4.52	120.21
广　东	4.71	132.24
广　西	5.11	162.90
海　南	4.90	133.47
重　庆	4.04	85.18
四　川	4.76	127.47
贵　州	4.67	133.08
云　南	4.51	122.96
西　藏	5.97	215.26
陕　西	4.61	121.53
甘　肃	5.45	205.52
青　海	5.69	197.22
宁　夏	5.28	182.74
新　疆	5.23	207.20

注： 本表数据为 2022 年数据。

数据来源： 中国气象局《2022 年中国风能太阳能资源年景公报》。

表3-16 全国各地区陆地 100 米高度风能资源量

地区	平均风速 /(米/秒)	平均风功率密度 /(瓦/平方米)
合　计	168.78	6104.31
北　京	4.91	169.70
天　津	5.60	207.38
河　北	5.47	220.71
山　西	5.30	186.96
内蒙古	6.98	350.59
辽　宁	6.31	288.54
吉　林	6.67	318.81
黑龙江	6.58	292.22
上　海	6.02	233.73
江　苏	5.54	189.74
浙　江	4.90	142.84
安　徽	5.28	166.92
福　建	4.71	134.95
江　西	5.00	149.21
山　东	5.69	215.33
河　南	5.23	172.72
湖　北	4.68	127.86
湖　南	4.92	151.24
广　东	5.11	164.00
广　西	5.50	197.26
海　南	5.27	161.19
重　庆	4.33	103.02
四　川	5.03	147.64
贵　州	5.05	163.78
云　南	4.77	139.72
西　藏	6.31	249.85
陕　西	4.91	146.10
甘　肃	5.68	232.34
青　海	6.02	229.73
宁　夏	5.65	218.85
新　疆	5.36	231.38

注：本表数据为 2022 年数据。

数据来源：中国气象局《2022 年中国风能太阳能资源年景公报》。

表 3-17　全国各地区水平面总辐照量

地区	水平面总辐照量 /（千瓦时/平方米）
合　计	46377.6
北　京	1527.6
天　津	1561.7
河　北	1537.5
山　西	1536.0
内蒙古	1571.6
辽　宁	1422.8
吉　林	1392.8
黑龙江	1337.4
上　海	1448.5
江　苏	1458.5
浙　江	1476.5
安　徽	1502.8
福　建	1544.5
江　西	1480.4
山　东	1461.4
河　南	1470.1
湖　北	1416.5
湖　南	1388.6
广　东	1460.6
广　西	1391.8
海　南	1519.5
重　庆	1311.0
四　川	1499.9
贵　州	1289.9
云　南	1515.7
西　藏	1819.8
陕　西	1459.7
甘　肃	1627.7
青　海	1747.2
宁　夏	1611.0
新　疆	1588.6

注：本表数据为 2022 年数据。根据中国气象局风能太阳能资源中心发布的关于 2020 年我国光伏资源的评估报告，考虑不可开发和限制开发因子的 GIS 空间分析显示，水平面总辐射年总量超过 1000 千瓦时/平方米的太阳能资源丰富地区的光伏技术开发量超过 1361 亿千瓦，覆盖除四川盆地、重庆等地区的全国绝大部分地区。

数据来源：中国气象局《2022 年中国风能太阳能资源年景公报》。

表 3-18　全国各地区固定式光伏发电最佳斜面总辐射照量

地区 \ 指标	最佳斜面总辐照量 /(千瓦时/平方米)
合　计	52299.6
北　京	1866.4
天　津	1883.0
河　北	1857.1
山　西	1815.5
内蒙古	2030.3
辽　宁	1757.7
吉　林	1777.6
黑龙江	1777.7
上　海	1561.1
江　苏	1609.7
浙　江	1562.5
安　徽	1636.0
福　建	1614.2
江　西	1568.3
山　东	1657.2
河　南	1602.1
湖　北	1507.1
湖　南	1461.8
广　东	1520.0
广　西	1437.4
海　南	1534.2
重　庆	1354.8
四　川	1628.9
贵　州	1333.4
云　南	1643.8
西　藏	1930.3
陕　西	1633.3
甘　肃	1937.5
青　海	2033.1
宁　夏	1862.8
新　疆	1904.8

注：本表数据为 2022 年数据。

数据来源：中国气象局《2022 年中国风能太阳能资源年景公报》。

第四章　　能源设施

第一节 石油天然气设施

表 4-1 炼油能力及结构

指标＼年份	2015		2020		2021		2022	
能力/占比	能力/(万吨/年)	占比/%	能力/(万吨/年)	占比/%	能力/(万吨/年)	占比/%	能力/(万吨/年)	占比/%
中国石化	26620	37.8	27370	30.9	27770	30.5	27770	30.1
中国石油	18870	26.6	21000	23.7	21000	23.1	23000	24.9
中国中化	—	—	—	—	5956	6.5	5956	6.5
中国海油	3450	4.9	5200	5.9	5200	5.7	5200	5.6
其他炼油企业	20876	29.0	33906	37.4	29260	32.1	28520	30.9
煤基油品企业	380	0.5	1080	1.2	1080	1.2	1080	1.2
外资企业	824	1.2	824	0.9	824	0.9	824	0.9
全国	71020	—	88570	—	91090	—	92350	—

数据来源：中石油经济技术研究院历年《国内外油气行业发展报告》。

表 4-2　炼油能力国际比较

单位：亿吨/年

国家/地区　　年份	2015	2016	2017	2018	2019	2020	2021	2021占比/%
世　界	48.88	49.28	49.28	49.97	50.78	51.10	50.75	100.0
OECD	22.29	22.40	22.25	22.48	22.66	22.36	21.78	42.9
非 OECD	26.59	26.88	27.03	27.48	28.12	28.74	28.97	57.1
美　国	9.12	9.30	9.26	9.37	9.45	9.06	8.93	17.6
中　国	**7.48**	**7.44**	**7.58**	**7.80**	**8.07**	**8.33**	**8.46**	**16.7**
欧　盟	6.41	6.37	6.35	6.34	6.35	6.32	6.13	12.1
俄罗斯	3.22	3.27	3.26	3.26	3.32	3.36	3.42	6.7
印　度	2.14	2.31	2.34	2.48	2.49	2.51	2.50	4.9
韩　国	1.56	1.63	1.64	1.67	1.69	1.78	1.78	3.5
日　本	1.85	1.80	1.66	1.66	1.66	1.64	1.64	3.2
沙特阿拉伯	1.44	1.45	1.41	1.41	1.45	1.45	1.45	2.9
伊　朗	1.03	1.04	1.11	1.16	1.24	1.24	1.25	2.5
巴　西	1.14	1.14	1.14	1.14	1.14	1.14	1.15	2.3
德　国	1.02	1.02	1.03	1.03	1.03	1.03	1.06	2.1
加拿大	0.96	0.97	0.98	0.97	1.02	1.03	0.97	1.9
意大利	0.95	0.95	0.95	0.95	0.95	0.95	0.95	1.9
西班牙	0.78	0.78	0.78	0.78	0.79	0.79	0.79	1.6
墨西哥	0.76	0.76	0.77	0.78	0.78	0.78	0.78	1.5
新加坡	0.75	0.76	0.75	0.75	0.75	0.76	0.73	1.4
科威特	0.47	0.47	0.37	0.37	0.37	0.40	0.71	1.4
委内瑞拉	0.65	0.65	0.65	0.65	0.65	0.65	0.65	1.3
阿联酋	0.57	0.57	0.61	0.61	0.65	0.66	0.62	1.2
泰　国	0.62	0.62	0.61	0.61	0.61	0.62	0.62	1.2
荷　兰	0.65	0.65	0.65	0.65	0.64	0.62	0.62	1.2
英　国	0.67	0.61	0.61	0.61	0.61	0.62	0.60	1.2
法　国	0.68	0.62	0.62	0.62	0.62	0.62	0.57	1.1
印度尼西亚	0.55	0.55	0.55	0.54	0.55	0.55	0.54	1.1

注：每吨按 7.33 桶折算。

数据来源： *BP Statistical Review of World Energy* 2022。

表4-3 日均炼油能力国际比较

单位：万桶/日

国家/地区 \ 年份	2015	2016	2017	2018	2019	2020	2021	2021占比/%
世　界	9817	9869	9896	10035	10197	10233	10191	100
OECD	4477	4485	4468	4515	4550	4478	4373	42.9
非 OECD	5340	5384	5428	5519	5647	5755	5818	57.1
美　国	1832	1862	1860	1881	1897	1814	1794	17.6
中　国	**1502**	**1490**	**1523**	**1566**	**1620**	**1669**	**1699**	**16.7**
欧　盟	1287	1276	1276	1273	1275	1266	1231	12.1
俄罗斯	647	654	655	655	668	674	686	6.7
印　度	431	462	470	497	499	502	502	4.9
韩　国	313	326	330	335	339	357	357	3.5
日　本	372	360	334	334	334	328	328	3.2
沙特阿拉伯	290	290	283	284	291	291	291	2.9
伊　朗	208	208	222	233	250	248	251	2.5
巴　西	228	229	229	229	229	229	230	2.3
德　国	205	205	207	206	206	206	212	2.1
加拿大	193	193	197	194	205	207	195	1.9
意大利	190	190	190	190	190	190	190	1.9
西班牙	156	156	156	156	159	159	159	1.6
墨西哥	152	152	155	156	156	156	156	1.5
新加坡	151	151	151	151	151	151	146	1.4
科威特	94	94	74	74	74	80	143	1.4
委内瑞拉	130	130	130	130	130	130	130	1.3
阿联酋	115	115	123	123	131	133	125	1.2
泰　国	125	123	123	123	123	124	124	1.2
荷　兰	130	130	130	130	129	124	124	1.2
英　国	134	123	123	123	123	125	120	1.2
法　国	137	125	125	125	125	125	114	1.1
印度尼西亚	111	111	111	109	111	109	109	1.1

数据来源：*BP Statistical Review of World Energy* 2022。

表4-4　分地区炼油能力及结构

年份 指标	2016		2020		2021		2022	
能力 /占比	能力 /(万吨 /年)	占比 /%	能力 /(万吨 /年)	占比 /%	能力 /(万吨 /年)	占比 /%	能力 /(万吨 /年)	占比 /%
华　北	29921	37.8	7950	9.0	8250	9.1	8250	8.9
华　南	11530	14.6	10930	12.3	10930	12.0	12930	14.0
东　北	12569	15.9	14095	15.9	15095	16.6	15095	16.4
华　东	10365	13.1	39915	45.1	41135	45.2	40395	43.7
西　北	8610	10.9	8610	9.7	8610	9.5	8610	9.3
华　中	4960	6.3	4570	5.2	4570	5.0	4570	5.0
西　南	1200	1.5	2500	2.8	2500	2.7	2500	2.7
合　计	79155	100.0	88570	100.0	91090	100.0	92350	100.0

注：华北指北京、天津、河北、山西、河南、山东；东北指辽宁、吉林、黑龙江、内蒙古；华南指广东、福建、海南、广西；华东指上海、浙江、江苏；西北指新疆、甘肃、青海、陕西、宁夏；华中指湖南、安徽、江西、湖北；西南指云南、四川、重庆、贵州。

数据来源：中石油经济技术研究院历年《国内外油气行业发展报告》。

表 4-5　管道输油（气）里程

年份　　　　　　指标	绝对额 /万公里	增速 /%
2000	2.47	-0.8
2001	2.76	11.7
2002	2.98	8.0
2003	3.26	9.4
2004	3.82	17.2
2005	4.40	15.2
2006	4.81	9.3
2007	5.45	13.3
2008	5.83	7.0
2009	6.91	18.5
2010	7.85	13.6
2011	8.33	6.1
2012	9.16	10.0
2013	9.85	7.5
2014	10.57	7.3
2015	10.87	2.8
2016	11.34	4.3
2017	11.93	5.2
2018	12.23	2.5
2019	12.66	3.5
2020	12.87	1.7
2021	13.12	1.9

数据来源：国家统计局网站 http：//data. stats. gov. cn/。

表 4-6 LNG 接收能力

年份	新增接收能力		累计接收能力	
	万吨/年	亿立方米/年	万吨/年	亿立方米/年
2006	370	51	370	51
2007	0	0	370	51
2008	260	36	630	87
2009	300	41	930	128
2010	0	0	930	128
2011	960	132	1890	261
2012	300	41	2190	302
2013	1290	178	3480	480
2014	600	83	4080	563
2015	0	0	4080	563
2016	600	83	4680	646
2017	—	—	—	—
2018	1055	146	6695	924
2019	—	—	—	—
2020	—	—	—	—
2021	—	—	—	—
2022	600	83	9730	1343

注：1 万吨 LNG 折合 0.138 亿立方米天然气。

数据来源：中石油经济技术研究院历年《国内外油气行业发展报告》。

第二节 电力设施

表 4-7 发电装机容量及增速

年份 \ 指标	发电装机容量		人均发电装机容量
	绝对额/万千瓦	增速/%	绝对额/(千瓦/人)
2000	31932	6.9	0.25
2001	33849	6.0	0.27
2002	35657	5.3	0.28
2003	39141	9.8	0.30
2004	44239	13.0	0.34
2005	51718	16.9	0.40
2006	62370	20.6	0.47
2007	71822	15.2	0.54
2008	79273	10.4	0.60
2009	87410	10.3	0.65
2010	96641	10.6	0.72
2011	106253	9.9	0.79
2012	114676	7.9	0.84
2013	125768	9.7	0.92
2014	137887	9.6	1.00
2015	152527	10.6	1.10
2016	165051	8.2	1.19
2017	178451	8.1	1.27
2018	190012	6.5	1.35
2019	201006	5.8	1.43
2020	220204	9.5	1.56
2021	237777	8.0	1.68
2022	256405	7.8	1.82

数据来源：中国电力企业联合会《中国电力统计年鉴2022》《2022年全国电力工业统计快报一览表》。

表 4-8　发电装机容量国际比较

指标 国家/地区	2015 发电装机容量 /亿千瓦	2016 发电装机容量 /亿千瓦	2017 发电装机容量 /亿千瓦
中　国	**15. 25**	**16. 51**	**17. 85**
美　国	10. 72	10. 87	11. 00
日　本	3. 18	3. 22	3. 34
德　国	2. 03	2. 09	2. 16
加拿大	1. 48	1. 44	1. 48
法　国	1. 32	1. 33	1. 33
韩　国	1. 03	1. 11	1. 23
意大利	1. 17	1. 44	1. 14
西班牙	1. 07	1. 06	1. 04
英　国	0. 96	0. 98	1. 03
土耳其	0. 73	0. 79	0. 85
墨西哥	0. 68	0. 73	0. 74
澳大利亚	0. 68	0. 67	0. 66
波　兰	0. 37	0. 38	0. 43
瑞　典	0. 40	0. 40	0. 40
挪　威	0. 34	0. 34	0. 34
荷　兰	0. 34	0. 34	0. 34
智　利	0. 21	0. 25	0. 26
奥地利	0. 24	0. 25	0. 25
捷　克	0. 22	0. 22	0. 22
比利时	0. 21	0. 22	0. 22
瑞　士	0. 20	0. 21	0. 22
葡萄牙	0. 20	0. 21	0. 21

数据来源： 中国电力企业联合会《中国电力统计年鉴 2020》。

表 4-9　分地区发电装机容量

单位：万千瓦

地区＼年份	2015	2016	2017	2018	2019	2020	2021	2021占比/%
北　京	1086	1103	1219	1276	1304	1316	1340	0.6
天　津	1324	1467	1499	1709	1842	1917	2192	0.9
河　北	5778	6275	6807	7427	8319	10042	11078	4.7
山　西	6966	7640	8073	8758	9249	10383	11338	4.8
内蒙古	10397	11045	11826	12285	12931	14639	15487	6.5
辽　宁	4322	4601	4869	5192	5370	5776	6164	2.6
吉　林	2611	2716	2864	3055	3122	3278	3485	1.5
黑龙江	2647	2783	2969	3129	3246	3536	3955	1.7
上　海	2344	2371	2400	2525	2664	2669	2786	1.2
江　苏	9541	10160	11469	12657	13288	14146	15420	6.5
浙　江	8158	8331	8899	9565	9789	10142	10857	4.6
安　徽	5161	5733	6468	7089	7394	7816	8466	3.6
福　建	4919	5210	5597	5770	5909	6372	6983	2.9
江　西	2389	2866	3167	3554	3782	4401	4847	2.0
山　东	9716	10942	12556	13107	14044	15896	17334	7.3
河　南	6744	7218	7880	8680	9306	10169	11114	4.7
湖　北	6411	6745	7124	7401	7862	8273	8816	3.7
湖　南	3889	4121	4277	4522	4669	4915	5344	2.2
广　东	9817	10457	10968	11929	12870	14224	15821	6.7
广　西	3458	4152	4332	4513	4615	5178	5533	2.3
海　南	635	745	786	919	918	999	1056	0.4
重　庆	2109	2178	2326	2386	2448	2488	2574	1.1
四　川	8673	9108	9721	9833	9929	10105	11435	4.8
贵　州	5066	5510	5778	6039	6599	7478	7573	3.2
云　南	7915	8645	8957	9341	9620	10266	10635	4.5
西　藏	196	233	281	304	327	395	480	0.2
陕　西	3389	3740	4935	5443	6242	7366	7636	3.2
甘　肃	4643	4825	4995	5113	5268	5620	6152	2.6
青　海	2074	2345	2543	2800	3168	4030	4114	1.7
宁　夏	3157	3675	4188	4715	5296	5943	6214	2.6
新　疆	6992	8109	8679	8978	9614	10763	11547	4.9

数据来源：中国电力企业联合会历年《中国电力统计年鉴》。

表 4-10 分电源发电装机容量

单位：万千瓦

电源＼年份	火电	其中：生物质发电	核电	水电	风电	太阳能发电	总计
2000	23754	—	210	7935	—	—	31932
2001	25314	—	210	8301	—	—	33849
2002	26555	—	447	8607	—	—	35657
2003	28977	—	619	9490	—	—	39141
2004	32948	—	684	10524	—	—	44239
2005	39138	—	685	11739	106	—	51718
2006	48382	—	685	13029	207	—	62370
2007	55607	—	885	14823	420	—	71822
2008	60286	—	885	17260	839	—	79273
2009	65108	—	908	19629	1760	—	87410
2010	70967	—	1082	21606	2958	—	96641
2011	76834	—	1257	23298	4623	222	106253
2012	81968	—	1257	24947	6142	341	114676
2013	87009	—	1466	28044	7652	1589	125768
2014	93232	—	2008	30486	9657	2486	137887
2015	100554	—	2717	31954	13075	4218	152527
2016	106094	—	3364	33207	14747	7631	165051
2017	111009	1651	3582	34411	16325	12942	178451
2018	114408	1947	4466	35259	18427	17433	190012
2019	118957	2361	4874	35804	20915	20429	201006
2020	124624	2987	4989	37028	28165	25356	220204
2021	129739	3807	5326	39094	32871	30654	237777
2022	133239	4132	5553	41350	36544	39261	256405

数据来源：2000—2021 年数据来自中国电力企业联合会《中国电力统计年鉴 2022》；2022 年数据来自中国电力企业联合会《2022 年全国电力工业统计快报一览表》；2017—2021 年生物质发电数据来自中国电力企业联合会历年《电力工业统计基本数据一览表》，2022 年生物质发电数据来自国家能源局。

表 4-11　分电源发电装机结构

%

电源 年份	火电	其中： 生物质发电	核电	水电	风电	太阳能 发电
2000	74.4	—	0.7	24.8	—	—
2001	74.8	—	0.6	24.5	—	—
2002	74.5	—	1.3	24.1	—	—
2003	74.0	—	1.6	24.2	—	—
2004	74.5	—	1.5	23.8	—	—
2005	75.7	—	1.3	22.7	0.2	—
2006	77.6	—	1.1	20.9	0.3	—
2007	77.4	—	1.2	20.6	0.6	—
2008	76.1	—	1.1	21.8	1.1	—
2009	74.5	—	1.0	22.5	2.0	—
2010	73.4	—	1.1	22.4	3.1	—
2011	72.3	—	1.2	21.9	4.4	0.2
2012	71.5	—	1.1	21.8	5.4	0.3
2013	69.2	—	1.2	22.3	6.1	1.3
2014	67.6	—	1.5	22.1	7.0	1.8
2015	65.9	—	1.8	20.9	8.6	2.8
2016	64.3	—	2.0	20.1	8.9	4.6
2017	62.2	0.9	2.0	19.3	9.1	7.3
2018	60.2	1.0	2.4	18.6	9.7	9.2
2019	59.2	1.2	2.4	17.8	10.4	10.2
2020	56.6	1.4	2.3	16.8	12.8	11.5
2021	54.6	1.6	2.2	16.4	13.8	12.9
2022	52.0	1.6	2.2	16.1	14.3	15.3

数据来源：2000—2021 年数据来自中国电力企业联合会《中国电力统计年鉴 2022》；2022 年数据来自中国电力企业联合会《2022 年全国电力工业统计快报一览表》。

表4-12 各地区分电源发电装机容量

单位：万千瓦

电源\地区	火电	核电	水电	风电	太阳能发电	其他	合计
全　国	129739	5326	39094	32871	30654	93	237777
北　京	1137	—	99	24	80	—	1340
天　津	1884	—	1	130	178	—	2192
河　北	5424	—	182	2546	2921	5	11078
山　西	7533	—	224	2123	1458	—	11338
内蒙古	9834	—	241	3996	1412	4	15487
辽　宁	3737	558	305	1087	478	—	6164
吉　林	1855	—	619	665	346	—	3485
黑龙江	2531	—	169	835	420	—	3955
上　海	2510	—	—	107	168	1	2786
江　苏	10322	661	265	2234	1916	22	15420
浙　江	6462	911	1278	364	1842	—	10857
安　徽	5740	—	507	511	1707	1	8466
福　建	3596	986	1386	735	277	3	6983
江　西	2711	—	677	547	911	1	4847
山　东	11599	250	168	1942	3343	32	17334
河　南	7301	—	407	1850	1556	—	11114
湖　北	3372	—	3771	720	953	—	8816
湖　南	2502	—	1578	803	450	11	5344
广　东	10256	1614	1736	1195	1020	—	15821
广　西	2481	217	1768	755	312	—	5533
海　南	598	130	153	29	147	—	1056
重　庆	1553	—	789	169	63	—	2574
四　川	1825	—	8887	527	196	—	11435
贵　州	3572	—	2283	580	1137	1	7573
云　南	1529	—	7823	886	397	—	10635
西　藏	43	—	291	3	139	4	480
陕　西	4952	—	349	1021	1314	—	7636
甘　肃	2309	—	967	1725	1146	5	6152
青　海	393	—	1193	896	1632	—	4114
宁　夏	3333	—	43	1455	1384	—	6214
新　疆	6845	—	934	2408	1354	6	11547

注：本表数据为2021年数据。

数据来源：中国电力企业联合会《中国电力统计年鉴2022》。

表 4-13　各地区分电源发电装机结构

%

地区 \ 电源	火电	核电	水电	风电	太阳能发电	其他
全　国	54.6	2.2	16.4	13.8	12.9	0.0
北　京	84.9	—	7.4	1.8	6.0	—
天　津	85.9	—	0.0	5.9	8.1	—
河　北	49.0	—	1.6	23.0	26.4	—
山　西	66.4	—	2.0	18.7	12.9	—
内蒙古	63.5	—	1.6	25.8	9.1	0.0
辽　宁	60.6	9.1	4.9	17.6	7.8	—
吉　林	53.2	—	17.8	19.1	9.9	—
黑龙江	64.0	—	4.3	21.1	10.6	—
上　海	90.1	—	—	3.8	6.0	0.0
江　苏	66.9	4.3	1.7	14.5	12.4	0.1
浙　江	59.5	8.4	11.8	3.4	17.0	—
安　徽	67.8	—	6.0	6.0	20.2	0.0
福　建	51.5	14.1	19.8	10.5	4.0	0.0
江　西	55.9	—	14.0	11.3	18.8	0.0
山　东	66.9	1.4	1.0	11.2	19.3	0.2
河　南	65.7	—	3.7	16.6	14.0	—
湖　北	38.2	—	42.8	8.2	10.8	—
湖　南	46.8	—	29.5	15.0	8.4	0.2
广　东	64.8	10.2	11.0	7.6	6.4	—
广　西	44.8	3.9	32.0	13.6	5.6	—
海　南	56.6	12.3	14.5	2.7	13.9	—
重　庆	60.3	—	30.7	6.6	2.4	—
四　川	16.0	—	77.7	4.6	1.7	—
贵　州	47.2	—	30.1	7.7	15.0	0.0
云　南	14.4	—	73.6	8.3	3.7	—
西　藏	9.0	—	60.6	0.6	29.0	0.8
陕　西	64.9	—	4.6	13.4	17.2	—
甘　肃	37.5	—	15.7	28.0	18.6	0.1
青　海	9.6	—	29.0	21.8	39.7	—
宁　夏	53.6	—	0.7	23.4	22.3	—
新　疆	59.3	—	8.1	20.9	11.7	0.1

注：本表数据为 2021 年数据。

数据来源：根据表 4-12 计算得到。

単位：万千伏安

表4-14 35千伏及以上变压器容量

指标 / 年份	总计	±1100千伏	1000千伏	±800千伏	750千伏	±660千伏	500千伏	±500千伏	±400千伏	330千伏	220千伏	110千伏(含66千伏)	35千伏
2006	210260	—	—	—	300	—	30310	—	—	3128	66768	81026	28728
2007	242443	—	—	—	300	—	41781	—	—	3951	76951	88658	30802
2008	279861	—	—	—	660	—	52588	—	—	4665	89685	99130	33133
2009	319542	—	600	—	1740	—	60114	—	—	5523	103040	112958	35567
2010	361742	—	600	—	3870	—	69843	—	—	6457	118247	125224	37501
2011	408398	—	1800	2669	5320	946	82109	6011	71	7424	131060	137776	39223
2012	445899	—	1800	4360	5320	946	90625	7230	141	7714	144228	149231	41534
2013	483427	—	3900	4654	6500	948	90112	7637	141	8575	155699	161661	43600
2014	526685	—	5700	3180	8090	—	100011	14230	141	10493	167342	171588	45909
2015	569928	—	5700	3180	10850	—	107082	15203	—	11679	182893	185819	47521
2016	629982	—	9900	4882	13570	—	117128	17567	—	12219	193928	207484	53305
2017	662928	—	13800	17361	14540	947	125508	13410	—	13029	203352	209847	50654
2018	699219	600	14700	17361	17030	947	136494	13353	141	13125	213127	219379	52767
2019	747833	2867	15300	22317	18515	947	145905	10945	1245	14062	226101	235077	53757
2020	812893	2867	18000	27690	19785	947	155163	12738	1245	15771	243736	250286	63823
2021	862767	2867	19800	30558	21175	884	165100	12720	1245	16209	258784	265295	67179

数据来源： 2006—2007 年数据来自中国电力企业联合会历年《电力工业统计资料汇编》；2008—2021 年数据来自中国电力企业联合会历年《电力工业统计基本数据一览表》。

表4-15　35千伏及以上输电线路长度

单位：千米

指标 年份	总计	1000千伏	750千伏	500千伏	330千伏	220千伏	110千伏（含66千伏）	35千伏	±1100千伏	±800千伏	±660千伏	±500千伏	±400千伏
2006	1029497	—	141	77092	13762	195392	355517	387593	—	—	—	—	—
2007	1106345	—	141	96574	15493	216159	376752	401226	—	—	—	—	—
2008	1168857	—	630	107993	16717	233558	401310	408649	—	—	—	—	—
2009	1231883	640	2640	124559	19156	253573	422863	407077	—	1375	—	6901	—
2010	1336772	1006	6685	135180	20338	277988	458477	432668	—	3334	1095	8081	—
2011	1409698	639	10005	140263	22267	295978	491322	443440	—	3334	1400	8837	1051
2012	1479963	639	10088	146250	22701	318217	517983	456168	—	5466	1400	9145	1051
2013	1554236	1936	12666	146166	24065	339075	545815	464525	—	6904	1400	10653	1031
2014	1628472	3111	13881	152107	25146	358377	566571	484296	—	10132	1336	11875	1640
2015	1696849	3114	15665	157974	26811	380121	591637	496098	—	10580	1336	11872	1640
2016	1756141	7245	17968	165875	28366	397050	611431	499400	—	12295	1334	13539	1640
2017	1825611	10073	18830	173772	30183	415311	631361	508682	—	20874	1334	13552	1640
2018	1892018	11005	20543	187158	30477	434493	652891	514066	608	21723	2091	15428	1640
2019	1975312	10872	23256	195636	32314	454585	684406	531880	3295	21907	1334	13733	1639
2020	2156170	13361	25406	203058	36597	488543	752563	590678	3295	24980	1334	14783	1639
2021	2227423	14626	26754	211042	35569	508091	778479	605033	3295	27304	1334	14590	1031

注：线路长度采用回路长度，为一条线路两端控制电器间的杆距总和。

数据来源：2006—2007年数据来自中国电力企业联合会历年《电力工业统计资料汇编》；2008—2021年数据来自中国电力企业联合会历年《电力工业统计基本数据一览表》。

第三节 非化石能源设施

表4-16 非化石能源发电装机容量

单位：万千瓦

电源 年份	非化石能 源发电	核电	水电	其中： 抽水蓄能	风电	太阳能 发电	生物质 发电
2000	8178	210	7935	—	34	—	—
2001	8535	210	8301	—	—	—	—
2002	9102	447	8607	—	—	—	—
2003	10164	619	9490	—	—	—	—
2004	11291	684	10524	—	—	—	—
2005	12580	685	11739	—	106	—	—
2006	13988	685	13029	—	207	—	—
2007	16215	885	14823	—	420	—	—
2008	18987	885	17260	—	839	—	—
2009	22302	908	19629	—	1760	—	—
2010	25674	1082	21606	1693	2958	—	—
2011	29419	1257	23298	1838	4623	222	—
2012	32708	1257	24947	2033	6142	341	—
2013	38759	1466	28044	2153	7652	1589	—
2014	44625	2008	30486	2211	9657	2486	—
2015	52063	2717	31954	2303	13075	4218	—
2016	59181	3364	33211	2669	14864	7742	—
2017	67208	3582	34359	2869	16325	12942	1651
2018	75581	4466	35259	2999	18427	17433	1947
2019	84410	4874	35804	3029	20915	20429	2361
2020	98567	4989	37028	3149	28165	25356	2987
2021	111845	5326	39094	3639	32871	30654	3807
2022	127000	5553	41350	4579	36544	39261	4132

数据来源：2001—2018年数据来自中国电力企业联合会历年《电力工业统计资料汇编》；2019—2022年数据来自中国电力企业联合会历年《电力统计基本数据一览表》；2022年非化石能源发电、抽水蓄能数据来自《2023年度全国电力供需形势分析预测报告》；2017—2021年生物质发电数据来自中国电力企业联合会历年《电力工业统计基本数据一览表》，2022年生物质发电数据来自国家能源局。

表 4-17 核电装机容量国际比较

单位：万千瓦

国家/地区 \ 年份	2015	2016	2017	2018	2019	2020	2021
美 国	9867	9956	9963	9943	9812	9650	9555
法 国	6313	6313	6313	6313	6313	6140	6140
中 国	**2717**	**3364**	**3582**	**4466**	**4874**	**4989**	**5326**
日 本	4205	4148	3913	3804	3308	3308	3308
韩 国	2172	2312	2253	2185	2325	2325	2325
加拿大	1403	1403	1403	1403	1403	1403	1403
英 国	949	926	926	926	926	814	819
德 国	1080	1080	1080	1080	953	811	811
西班牙	740	740	712	712	712	712	712
瑞 典	969	977	900	866	862	778	690
印 度	578	578	678	678	678	678	678
比利时	591	591	592	592	593	594	585
捷 克	429	429	429	429	429	429	429
瑞 士	333	333	333	333	333	293	293

数据来源：IRENA，*Power Capacity and Generation*。

表 4-18 分地区核电装机容量

单位：万千瓦

地区 \ 年份	2015	2016	2017	2018	2019	2020	2021	2021 占比 /%
辽 宁	300	448	448	448	448	448	558	10.5
江 苏	212	212	212	437	437	549	661	12.4
浙 江	657	657	657	908	908	911	911	17.1
福 建	545	762	871	871	871	871	986	18.5
山 东	—	—	—	125	250	250	250	4.7
广 东	829	938	1046	1330	1614	1614	1614	30.3
广 西	109	217	217	217	217	217	217	4.1
海 南	65	130	130	130	130	130	130	2.4

数据来源：2015—2018 年数据来自历年《中国电力年鉴》；2019—2021 年数据来自中国电力知库。

表4-19 水电装机容量国际比较

单位：万千瓦

年份 国家/地区	2015	2016	2017	2018	2019	2020	2021
世 界	121066	124590	127088	129362	131177	133511	136005
中 国	**31953**	**33207**	**34378**	**35226**	**35804**	**37028**	**39092**
巴 西	9165	9693	10033	10448	10914	10932	10943
美 国	10224	10269	10270	10280	10265	10577	10189
加拿大	7941	8030	8083	8140	8140	8140	8274
俄罗斯	5148	5147	5170	5180	5230	5243	5250
印 度	4710	4762	4952	5010	5028	5076	5157
日 本	5004	5012	5001	5004	5003	5004	5002
瑞 士	3137	3182	3191	3253	3280	3373	3481
挪 威	2587	2668	2727	2829	2850	3098	3149
土耳其	2555	2562	2571	2573	2587	2571	2571
法 国	2222	2230	2243	2250	2254	2270	2271
意大利	2005	2008	2008	2008	2011	2012	2012
瑞 典	1514	1652	1652	1652	1652	1652	1652
西班牙	1633	1647	1650	1643	1646	1641	1641
委内瑞拉	1382	1481	1535	1554	1557	1559	1559

数据来源：IRENA, *Renewable Capacity Statistics* 2022。

表 4-20 分地区水电装机容量

单位：万千瓦

年份 地区	2015	2016	2017	2018	2019	2020	2021	2021 年 占比/%
北　京	98	98	98	98	99	99	99	0.3
天　津	1	1	1	1	1	1	1	0.003
河　北	182	182	182	182	182	182	182	0.5
山　西	244	244	244	223	223	223	224	0.6
内蒙古	238	241	242	242	239	242	241	0.6
辽　宁	293	293	295	299	302	305	305	0.8
吉　林	377	378	380	385	445	510	619	1.6
黑龙江	102	102	103	104	108	109	169	0.4
上　海	—	—	—	—	—	—	—	—
江　苏	114	115	265	265	265	265	265	0.7
浙　江	1002	1154	1160	1161	1170	1171	1278	3.3
安　徽	291	295	310	312	345	474	507	1.3
福　建	1300	1304	1307	1322	1321	1331	1386	3.5
江　西	490	613	615	627	661	660	677	1.7
山　东	108	108	108	108	108	108	168	0.4
河　南	399	399	399	401	408	408	407	1.0
湖　北	3653	3663	3671	3675	3679	3757	3771	9.6
湖　南	1534	1553	1570	1598	1612	1581	1578	4.0
广　东	1355	1411	1486	1576	1576	1666	1736	4.4
广　西	1645	1665	1669	1677	1681	1759	1768	4.5
海　南	62	91	114	154	154	151	153	0.4
重　庆	676	688	736	756	772	779	789	2.0
四　川	6939	7246	7714	7824	7846	7892	8887	22.7
贵　州	2056	2089	2119	2212	2223	2281	2283	5.8
云　南	5782	6088	6281	6649	6873	7480	7823	20.0
西　藏	135	156	158	160	170	210	291	0.7
陕　西	266	272	385	385	391	392	349	0.9
甘　肃	851	861	868	927	943	957	967	2.5
青　海	1145	1192	1191	1192	1192	1193	1193	3.1
宁　夏	43	43	43	43	43	43	43	0.1
新　疆	573	665	702	702	773	800	934	2.4

数据来源：中国电力企业联合会历年《中国电力统计年鉴》。

表 4-21　风电装机容量国际比较

单位：万千瓦

年份 国家/地区	2015	2016	2017	2018	2019	2020	2021	2021 占比/%
世　界	41617	46687	51421	56347	62127	73176	82487	100.0
中　国	**13105**	**14852**	**16437**	**18466**	**20958**	**28211**	**32897**	**39.9**
美　国	7257	8129	8760	9452	10405	11873	13274	16.1
德　国	4458	4944	5558	5872	6074	6219	6376	7.7
印　度	2509	2870	3285	3529	3751	3856	4007	4.9
西班牙	2294	2299	2312	2341	2559	2682	2750	3.3
英　国	1431	1613	1958	2177	2410	2448	2713	3.3
巴　西	763	1013	1230	1484	1544	1720	2116	2.6
法　国	1030	1157	1350	1490	1646	1748	1868	2.3
加拿大	1121	1197	1225	1282	1341	1363	1430	1.7
瑞　典	582	644	661	730	868	998	1208	1.5
意大利	914	938	974	1023	1068	1087	1128	1.4
土耳其	450	575	652	701	759	883	1061	1.3
澳大利亚	418	432	481	544	628	860	895	1.1

数据来源：*BP Statistical Review of World Energy* 2022。

表 4-22　分地区风电装机容量

单位：万千瓦

年份 地区	2015	2016	2017	2018	2019	2020	2021	2021 占比/%
北 京	15	19	19	19	19	19	24	0.1
天 津	29	29	29	52	60	85	130	0.4
河 北	1022	1138	1181	1391	1639	2274	2546	7.7
山 西	669	771	872	1043	1251	1974	2123	6.5
内蒙古	2425	2557	2670	2868	2920	3786	3996	12.2
辽 宁	639	695	711	761	832	981	1087	3.3
吉 林	444	505	505	514	557	577	665	2.0
黑龙江	503	561	570	598	611	686	835	2.5
上 海	61	71	71	71	81	82	107	0.3
江 苏	412	561	656	865	1041	1547	2234	6.8
浙 江	104	119	133	148	160	186	364	1.1
安 徽	136	177	217	246	274	412	511	1.6
福 建	172	214	252	300	376	486	735	2.2
江 西	67	108	169	225	286	510	547	1.7
山 东	721	839	1061	1146	1354	1795	1942	5.9
河 南	91	104	233	468	794	1518	1850	5.6
湖 北	135	201	253	331	405	502	720	2.2
湖 南	161	217	263	348	427	669	803	2.4
广 东	246	268	335	357	441	565	1195	3.6
广 西	40	70	150	208	287	653	755	2.3
海 南	31	31	34	34	29	29	29	0.1
重 庆	23	28	33	50	64	97	169	0.5
四 川	73	125	210	253	325	426	527	1.6
贵 州	323	362	363	386	457	580	580	1.8
云 南	614	737	825	857	863	881	886	2.7
西 藏	1	1	1	1	1	1	3	0.0
陕 西	114	179	364	405	532	892	1021	3.1
甘 肃	1252	1277	1282	1282	1297	1373	1725	5.2
青 海	47	69	162	267	462	843	896	2.7
宁 夏	822	942	942	1011	1116	1377	1455	4.4
新 疆	1691	1776	1836	1921	1956	2361	2408	7.3

数据来源：2015 年数据来自《中国电力年鉴》；2016—2021 年数据来自中国电力企业联合会历年《中国电力统计年鉴》。

表 4-23　太阳能发电装机容量国际比较

单位：万千瓦

年份 国家/地区	2015	2016	2017	2018	2019	2020	2021	2021 占比/%
世　界	22320	29523	39021	48301	58469	71028	84309	—
中　国	**4354**	**7779**	**13080**	**17502**	**20457**	**25342**	**30640**	**36.3**
美　国	2168	3296	4136	4981	5907	7381	9371	11.1
日　本	3415	4204	4950	5616	6319	6976	7419	8.8
德　国	3922	4068	4229	4516	4891	5372	5846	6.9
印　度	536	965	1792	2712	3486	3904	4934	5.9
意大利	1890	1928	1968	2011	2087	2165	2269	2.7
澳大利亚	594	669	735	862	1297	1734	1907	2.3
韩　国	362	450	584	810	1195	1457	1816	2.2
越　南	1	1	1	10	499	1666	1666	2.0
法　国	714	770	861	967	1081	1202	1471	1.7
荷　兰	153	214	291	461	723	1095	1425	1.7
英　国	960	1191	1276	1307	1335	1346	1369	1.6
西班牙	470	471	472	476	884	1029	1365	1.6
巴　西	5	13	121	244	461	788	1305	1.5
乌克兰	84	95	120	200	594	733	806	1.0

数据来源： *BP Statistical Review of World Energy* 2022。

表 4-24　分地区太阳能发电装机容量

单位：万千瓦

地区＼年份	2015	2016	2017	2018	2019	2020	2021	2021占比/%
北　京	8	15	25	40	51	62	80	0.3
天　津	12	60	68	128	143	164	178	0.6
河　北	222	443	868	1234	1474	2190	2921	9.5
山　西	112	297	590	864	1088	1309	1458	4.8
内蒙古	471	638	743	946	1051	1237	1412	4.6
辽　宁	16	52	223	302	343	400	478	1.6
吉　林	7	56	159	265	274	338	346	1.1
黑龙江	2	17	94	215	274	318	420	1.4
上　海	21	35	58	89	109	137	168	0.5
江　苏	422	546	907	1332	1486	1684	1916	6.3
浙　江	164	338	814	1138	1339	1517	1842	6.0
安　徽	121	345	888	1118	1254	1370	1707	5.6
福　建	13	27	92	148	169	202	277	0.9
江　西	44	228	449	536	630	776	911	3.0
山　东	133	455	1052	1361	1619	2272	3343	10.9
河　南	41	284	703	991	1054	1175	1556	5.1
湖　北	48	187	413	510	621	698	953	3.1
湖　南	17	30	176	292	344	391	450	1.5
广　东	62	117	332	527	610	797	1020	3.3
广　西	12	16	78	124	135	205	312	1.0
海　南	16	29	43	136	140	143	147	0.5
重　庆	—	0.5	12	43	65	67	63	0.2
四　川	36	96	135	181	188	191	196	0.6
贵　州	3	46	135	178	510	1057	1137	3.7
云　南	117	208	238	326	375	388	397	1.3
西　藏	17	33	79	98	110	137	139	0.5
陕　西	72	246	535	716	939	1089	1314	4.3
甘　肃	610	686	786	839	924	982	1146	3.7
青　海	564	682	791	962	1122	1601	1632	5.3
宁　夏	309	526	620	816	918	1197	1384	4.5
新　疆	529	893	934	978	1072	1266	1354	4.4

数据来源： 2015 年数据来自《中国电力年鉴》；2016—2021 年数据来自中国电力企业联合会历年《中国电力统计年鉴》。

第五章　能源生产

第一节 综合能源生产

表5-1 一次能源生产量

| 年份 | 生产总量 | | 人均生产量 | 日均生产量 | 自给率/% |
	绝对额/亿吨标准煤	增速/%	绝对额/(吨标准煤/人)	绝对额/(万吨标准煤/日)	
2000	13.9	5.0	1.1	379	94.3
2001	14.7	6.4	1.2	404	94.8
2002	15.6	6.0	1.2	428	92.2
2003	17.8	14.1	1.4	488	90.5
2004	20.6	15.6	1.6	563	89.5
2005	22.9	11.1	1.8	627	87.6
2006	24.5	6.9	1.9	671	85.4
2007	26.4	7.9	2.0	724	84.8
2008	27.7	5.0	2.1	758	86.5
2009	28.6	3.1	2.1	784	85.1
2010	31.2	9.1	2.3	855	86.5
2011	34.0	9.0	2.5	932	87.9
2012	35.1	3.2	2.6	959	87.3
2013	35.9	2.2	2.6	983	86.1
2014	36.2	1.0	2.6	992	84.6
2015	36.2	0.0	2.6	992	83.4
2016	34.6	−4.5	2.5	945	78.4
2017	35.9	3.7	2.6	983	78.7
2018	37.9	5.6	2.7	1038	80.3
2019	39.7	4.9	2.8	1089	81.5
2020	40.7	2.5	2.9	1113	81.7
2021	42.7	4.9	3.0	1170	81.2
2022	46.6	9.2	3.3	1277	86.1

注：标准量折算采用发电煤耗计算法；人均量根据年中人口数计算；自给率＝一次能源生产总量/能源消费总量。

数据来源：人口数据来自国家统计局历年《中国统计年鉴》；2000—2021年数据来自国家统计局《中国能源统计年鉴2022》，2022年数据来自国家统计局《中华人民共和国2022年国民经济和社会发展统计公报》。

表 5-2 　一次能源生产量国际比较

国家/地区	生产总量/亿吨标准煤	占比/%	日均生产量/(万吨标准煤/日)	人均生产量/(吨标准煤/人)	自给率/%
世　界	202.34	100.0	5529	2.6	101.4
OECD	63.30	68.7	1729	4.6	88.2
非 OECD	139.05	31.3	3799	2.2	112.5
中　国	**39.97**	**19.8**	**1092**	**2.8**	**79.9**
美　国	30.88	15.3	844	9.3	106.0
俄罗斯	20.44	10.1	559	1.42	188.7
印　度	8.12	4.0	222	0.6	65.1
加拿大	7.40	3.7	202	19.5	182.6
澳大利亚	6.47	3.2	177	25.2	345.5
印度尼西亚	6.38	3.2	174	2.3	191.4
巴　西	4.60	2.3	126	2.2	112.4
挪　威	2.98	1.5	81	17.1	759.3
南　非	2.16	1.1	59	3.7	121.0
墨西哥	2.12	1.0	58	2.5	83.7
法　国	1.71	0.8	47	2.5	54.5
英　国	1.67	0.8	46	2.5	76.0
德　国	1.38	0.7	38	1.7	34.7
哥伦比亚	1.37	0.7	38	2.7	239.8
埃　及	1.24	0.6	34	1.2	98.7
泰　国	1.07	0.5	29	1.5	56.4
阿根廷	1.04	0.5	29	2.3	98.9
波　兰	0.83	0.4	23	2.2	56.9
乌克兰	0.82	0.4	22	1.8	66.0
韩　国	0.75	0.4	21	1.5	19.1
土耳其	0.63	0.3	17	0.1	30.1
日　本	0.63	0.3	17	0.5	11.3
意大利	0.50	0.2	14	0.8	25.6
瑞　典	0.49	0.2	14	0.5	77.2
西班牙	0.49	0.2	13	1.0	31.6

注：（1）本表数据为 2020 年数据，占比为占世界一次能源生产总量的比重；（2）IEA 的统计范围除了煤炭、石油、天然气、核电、水电和其他可再生能源等商品能源之外，还包括农村生物燃料等非商品能源；（3）标准量折算采用电热当量计算法，自给率=生产总量/供应总量（Production/TPES）；（4）人均生产量数据采用生产总量与人口总数的比值。

数据来源：IEA, *World Energy Balances*（2022 edition）；人口数据来自世界银行官网。

表 5-3 一次能源生产结构（发电煤耗计算法）

%

年份 \ 品种	原煤	原油	天然气	一次电力及其他能源		
					水电	核电
2000	72.9	16.8	2.6	7.7	6.1	0.5
2001	72.6	15.9	2.7	8.8	7.1	0.4
2002	73.1	15.3	2.8	8.8	6.8	0.6
2003	75.7	13.6	2.6	8.1	5.8	0.9
2004	76.7	12.2	2.7	8.4	6.2	0.9
2005	77.4	11.3	2.9	8.4	6.2	0.8
2006	77.5	10.8	3.2	8.5	6.3	0.8
2007	77.8	10.1	3.5	8.6	6.3	0.8
2008	76.8	9.8	3.9	9.5	7.1	0.8
2009	76.8	9.4	4.0	9.8	7.1	0.8
2010	76.2	9.3	4.1	10.4	7.4	0.8
2011	77.8	8.5	4.1	9.6	6.5	0.8
2012	76.2	8.5	4.1	11.2	7.8	0.9
2013	75.4	8.4	4.4	11.8	8.0	1.0
2014	73.5	8.3	4.7	13.5	9.1	1.1
2015	72.2	8.5	4.8	14.5	9.6	1.4
2016	69.8	8.3	5.2	16.7	10.4	1.9
2017	69.6	7.6	5.4	17.4	10.0	2.1
2018	69.2	7.2	5.4	18.2	9.7	2.3
2019	68.5	6.9	5.6	19.0	9.8	2.6
2020	67.5	6.8	6.0	19.7	9.9	2.7
2021	66.7	6.7	6.0	20.6	9.3	2.8

数据来源：国家统计局《中国能源统计年鉴 2022》。

表 5-4 一次能源生产结构（电热当量计算法）

%

品种\年份	原煤	原油	天然气	一次电力及其他能源		
					水电	核电
2000	76.3	17.6	2.7	3.4	2.1	0.2
2001	76.5	16.7	2.9	3.9	2.4	0.2
2002	77.0	16.1	2.9	4.0	2.4	0.2
2003	79.3	14.2	2.7	3.8	2.0	0.3
2004	80.5	12.8	2.8	3.9	2.2	0.3
2005	81.2	11.9	3.0	3.9	2.2	0.3
2006	81.4	11.3	3.3	4.0	2.3	0.3
2007	81.6	10.6	3.7	4.1	2.4	0.3
2008	81.0	10.3	4.1	4.6	2.7	0.3
2009	81.0	10.0	4.2	4.8	2.8	0.3
2010	80.7	9.8	4.3	5.2	3.0	0.3
2011	81.9	9.0	4.3	4.8	2.7	0.3
2012	81.0	9.0	4.4	5.6	3.2	0.4
2013	80.4	8.9	4.7	6.0	3.4	0.4
2014	79.2	9.0	5.0	6.8	3.9	0.5
2015	78.2	9.2	5.2	7.4	4.2	0.6
2016	76.7	9.0	5.7	8.6	4.6	0.8
2017	76.6	8.4	6.0	9.0	4.5	0.9
2018	76.6	7.9	6.0	9.5	4.4	1.1
2019	76.2	7.6	6.3	9.9	4.5	1.2
2020	75.4	7.6	6.8	10.2	4.6	1.2
2021	74.9	7.5	6.8	10.8	4.3	1.3

数据来源：国家统计局《中国能源统计年鉴 2022》。

表 5-5　一次能源生产结构国际比较

%

国家/地区\品种	原煤	原油	天然气	核电	水电	其他
世　界	27.0	29.8	23.5	4.9	2.6	12.1
OECD	16.1	29.7	29.1	10.9	2.9	11.1
非 OECD（Europe & Eurasia）	16.5	35.1	40.8	4.5	1.5	1.7
中　国	**71.2**	**7.0**	**5.8**	**3.4**	**4.1**	**8.6**
美　国	11.9	33.4	36.5	9.9	1.1	7.1
加拿大	4.6	50.9	29.9	4.9	6.4	3.2
澳大利亚	65.1	4.6	28.1	0.0	0.3	1.9
墨西哥	3.0	66.1	18.4	1.4	1.6	9.6
法　国	0.0	0.7	0.0	76.9	4.5	17.9
英　国	0.9	43.5	29.0	11.2	0.5	14.9
德　国	24.2	3.2	4.2	17.4	1.6	49.4
韩　国	0.9	1.8	0.3	79.2	0.6	17.0
俄罗斯	16.2	36.3	41.5	4.0	1.3	0.7
印　度	48.6	6.2	4.1	2.0	2.4	36.7
印度尼西亚	66.3	8.1	11.5	0.0	0.5	13.6
伊　朗	0.3	39.0	59.6	0.5	0.4	0.2
巴　西	0.6	48.5	6.7	1.1	10.6	32.4
尼日利亚	0.0	33.2	16.0	0.0	0.3	50.5
阿联酋	0.0	79.9	19.9	0.0	0.0	0.2
卡塔尔	0.0	32.9	67.1	0.0	0.0	0.0
伊拉克	0.0	95.7	4.1	0.0	0.2	0.0
哈萨克斯坦	27.9	54.9	16.6	0.0	0.5	0.2
科威特	0.0	88.4	11.5	0.0	0.0	0.0
南　非	92.6	0.0	0.6	1.7	0.1	5.0
阿尔及利亚	0.0	47.1	52.9	0.0	0.0	0.0
马来西亚	2.2	31.3	61.8	0.0	2.5	2.1
土库曼斯坦	0.0	13.3	86.7	0.0	0.0	0.0

注：本表数据为 2021 年数据。

数据来源：IEA，*World Energy Balances*（2022 edition）。

第二节 煤炭生产

表5-6 原煤生产量

| 年份 | 生产总量 | | 人均生产量 | 日均生产量 |
	绝对额/亿吨	增速/%	绝对额/（吨/人）	绝对额/（万吨/日）
2000	13.84	1.5	1.09	378
2001	14.72	6.3	1.15	403
2002	15.50	5.4	1.21	425
2003	18.35	18.3	1.42	503
2004	21.23	15.7	1.64	580
2005	23.65	11.4	1.81	648
2006	25.70	8.7	1.96	704
2007	27.60	7.4	2.09	756
2008	29.03	5.2	2.19	793
2009	31.15	7.3	2.34	854
2010	34.28	10.1	2.56	939
2011	37.64	9.8	2.79	1031
2012	39.45	4.8	2.92	1078
2013	39.74	0.7	2.92	1089
2014	38.74	−2.5	2.84	1061
2015	37.47	−3.3	2.73	1026
2016	34.11	−9.0	2.47	932
2017	35.24	3.3	2.54	965
2018	36.98	4.9	2.66	1013
2019	38.46	4.0	2.75	1054
2020	39.02	1.4	2.78	1066
2021	41.26	5.7	2.92	1130
2022	45.60	10.5	3.23	1249

注：自给率＝原煤生产量/原煤供应量；人均量根据年中人口数计算。

数据来源：人口数据来自国家统计局历年《中国统计年鉴》；2000—2021年原煤生产量数据来自国家统计局历年《中国能源统计年鉴》，2022数据来自国家统计局《中华人民共和国国民经济和社会发展统计公报2022》。

表 5-7　煤炭生产量国际比较

年份 国家/地区	2015	2016	2017	2018	2019	2020	2021	2021 占比 /%
世　界	79.48	74.76	76.96	80.69	81.11	77.32	81.73	100.0
OECD	20.14	18.39	18.69	18.56	17.21	14.16	15.03	18.4
非 OECD	59.34	56.37	58.26	62.13	63.90	63.16	66.70	81.6
中　国	**37.47**	**34.11**	**35.24**	**36.98**	**38.46**	**39.02**	**41.26**	**50.5**
印　度	6.74	6.90	7.12	7.60	7.54	7.59	8.11	9.9
印度尼西亚	4.62	4.56	4.61	5.58	6.16	5.64	6.14	7.5
美　国	8.14	6.61	7.03	6.86	6.41	4.86	5.24	6.4
澳大利亚	5.04	5.02	4.87	5.02	5.05	4.70	4.79	5.9
俄罗斯	3.73	3.87	4.13	4.42	4.41	4.00	4.34	5.3
欧　盟	5.19	4.79	4.90	4.75	3.82	3.11	3.40	4.2
南　非	2.52	2.50	2.52	2.50	2.54	2.46	2.35	2.9
德　国	1.84	1.75	1.75	1.69	1.31	1.07	1.26	1.5
哈萨克斯坦	1.07	1.03	1.12	1.19	1.15	1.13	1.16	1.4
波　兰	1.36	1.31	1.27	1.22	1.12	1.01	1.08	1.3
土耳其	0.58	0.73	0.74	0.84	0.87	0.75	0.86	1.0
哥伦比亚	0.87	0.91	0.91	0.86	0.85	0.52	0.60	0.7
加拿大	0.62	0.62	0.61	0.55	0.53	0.45	0.47	0.6
越　南	0.42	0.39	0.38	0.42	0.46	0.48	0.48	0.6
蒙　古	0.24	0.35	0.50	0.55	0.57	0.43	0.32	0.4
捷　克	0.47	0.46	0.45	0.44	0.41	0.32	0.32	0.4
塞尔维亚	0.38	0.39	0.40	0.38	0.39	0.40	0.36	0.4
乌克兰	0.30	0.32	0.25	0.27	0.26	0.24	0.25	0.3
保加利亚	0.36	0.31	0.34	0.31	0.28	0.23	0.29	0.3
罗马尼亚	0.26	0.23	0.26	0.24	0.22	0.15	0.18	0.2
泰　国	0.15	0.17	0.16	0.15	0.14	0.13	0.14	0.2

数据来源： *BP Statistical Review of World Energy* 2022。

表 5-8　分地区原煤生产量

单位：万吨

年份 地区	2015	2016	2017	2018	2019	2020	2021	2021 占比 /%
全　国	374654	341060	352356	369774	384633	390158	412583	100
北　京	450	318	255	176	36	—	—	—
天　津	—	—	—	—	—	—	—	—
河　北	7437	6484	6020	5559	5075	4975	4643	1.1
山　西	96680	83044	87221	92677	98795	107906	120346	29.2
内蒙古	90957	84559	90597	99102	109068	102551	106990	25.9
辽　宁	4752	4170	3630	3403	3292	3129	3088	0.7
吉　林	2634	1684	1639	1620	1256	1040	905	0.2
黑龙江	6551	5890	6196	6133	5391	5558	6016	1.5
上　海	—	—	—	—	—	—	—	—
江　苏	1919	1368	1278	1246	1103	1022	934	0.2
浙　江	—	—	—	—	—	—	—	—
安　徽	13404	12236	11724	11412	10989	11084	11274	2.7
福　建	1591	1384	1130	941	846	659	548	0.1
江　西	2271	1557	939	551	504	314	237	0.1
山　东	14220	12818	13160	12556	11918	10945	9312	2.3
河　南	13596	11947	11751	11467	10938	10647	9372	2.3
湖　北	860	594	316	119	41	40	30	0.0
湖　南	3559	2787	1938	1900	1473	1068	727	0.2
广　东	—	—	—	—	—	—	—	—
广　西	425	433	443	488	406	414	352	0.1
海　南	—	—	—	—	—	—	—	—
重　庆	3562	2437	1194	1177	1171	939	—	—
四　川	6406	6165	4799	3736	3397	2240	1953	0.5
贵　州	17205	16851	16344	14335	13168	12055	13232	3.2
云　南	5184	4587	4675	4573	5523	5530	6099	1.5
西　藏	—	—	—	—	—	—	—	—
陕　西	52576	51566	57102	62958	63630	67973	70192	17.0
甘　肃	4400	4254	3738	3630	3685	3859	4407	1.1
青　海	816	787	842	821	1286	1092	1109	0.3
宁　夏	7976	7069	7644	7840	7477	8152	8670	2.1
新　疆	15221	16073	17782	21352	24165	26966	32148	7.8

数据来源：国家统计局历年《中国能源统计年鉴》。

表 5-9 焦 炭 生 产 量

| 年份 \ 指标 | 焦炭生产量 | | 人均焦炭生产量 | 日均焦炭生产量 |
	绝对额/万吨	增速/%	绝对额/(吨/人)	绝对额/(万吨/日)
2000	12184	0.9	0.10	33.3
2001	13731	12.7	0.11	37.6
2002	14253	3.8	0.11	39.0
2003	17776	24.7	0.14	48.7
2004	20538	15.5	0.16	56.1
2005	26512	29.1	0.20	72.6
2006	30074	13.4	0.23	82.4
2007	33105	10.1	0.25	90.7
2008	32314	-2.4	0.24	88.3
2009	35744	10.6	0.27	97.9
2010	38658	8.2	0.29	105.9
2011	43433	12.4	0.32	119.0
2012	43831	0.9	0.32	119.8
2013	48348	10.3	0.35	132.5
2014	47981	-0.8	0.35	131.5
2015	44823	-6.6	0.33	122.8
2016	44912	0.2	0.33	122.7
2017	43168	-3.9	0.31	118.3
2018	44751	3.7	0.32	122.6
2019	47296	5.7	0.34	129.6
2020	47188	-0.2	0.34	128.9
2021	46424	-1.6	0.33	127.2

注：人均量根据年中人口数计算。

数据来源：人口数据来自国家统计局历年《中国统计年鉴》；焦炭生产量数据来自国家统计局历年《中国能源统计年鉴》。

表 5-10 分地区焦炭生产量

单位：万吨

地区＼年份	2015	2016	2017	2018	2019	2020	2021	2021占比/%
全 国	44823	44912	43168	44751	47296	47188	46424	100
北 京	—	—	—	—	—	—	—	
天 津	196	205	158	165	158	175	154	0.3
河 北	5481	5312	4814	5263	4983	4826	4057	8.7
山 西	8040	8186	8383	9252	9700	10494	9857	21.2
内蒙古	3041	2817	3046	3423	3677	4223	4658	10.0
辽 宁	2097	2131	2216	2214	2281	2297	2294	4.9
吉 林	372	315	314	298	338	369	399	0.9
黑龙江	687	675	761	906	1076	1063	1235	2.7
上 海	534	543	557	545	549	541	541	1.2
江 苏	2433	2527	2060	1497	1611	1313	1438	3.1
浙 江	294	228	229	203	209	213	216	0.5
安 徽	958	973	1058	1130	1167	1228	1253	2.7
福 建	152	127	158	174	202	223	225	0.5
江 西	815	749	594	608	661	689	694	1.5
山 东	4365	4420	3934	4376	4921	3163	3187	6.9
河 南	2942	2920	2291	2237	2030	1848	1515	3.3
湖 北	920	892	885	874	834	801	882	1.9
湖 南	657	667	654	656	586	604	661	1.4
广 东	244	483	591	574	591	597	620	1.3
广 西	586	678	704	692	729	812	1072	2.3
重 庆	218	134	174	251	259	280	286	0.6
四 川	1304	1275	1072	1084	1066	1074	1059	2.3
贵 州	729	659	510	401	392	428	418	0.9
云 南	1150	1090	964	930	1000	1093	1282	2.8
陕 西	3658	3921	4050	4025	4687	4897	4321	9.3
甘 肃	525	509	472	384	449	517	500	1.1
青 海	—	134	151	172	191	183	158	0.3
宁 夏	758	768	755	737	791	921	965	2.1
新 疆	1662	1574	1591	1765	1989	2247	2500	5.4

数据来源：国家统计局《中国能源统计年鉴 2022》。

第三节 石 油 生 产

表 5-11 原 油 生 产 量

年份 指标	生产总量		日均生产量	
	绝对额/亿吨	增速/%	万吨	万桶
2000	1.63	1.9	44.5	326
2001	1.64	0.6	44.9	329
2002	1.67	1.9	45.8	335
2003	1.70	1.6	46.5	341
2004	1.76	3.7	48.1	352
2005	1.81	3.1	49.7	364
2006	1.85	1.9	50.6	371
2007	1.86	0.8	51.0	374
2008	1.90	2.2	52.0	381
2009	1.89	−0.5	51.9	381
2010	2.03	7.1	55.6	408
2011	2.03	−0.1	55.6	407
2012	2.07	2.3	56.7	416
2013	2.10	1.2	57.5	422
2014	2.11	0.7	57.9	425
2015	2.15	1.5	58.8	431
2016	2.00	−6.9	54.6	400
2017	1.92	−4.1	52.5	385
2018	1.89	−1.1	51.9	380
2019	1.91	0.9	52.3	384
2020	1.95	2.0	53.2	390
2021	1.99	2.1	54.5	399
2022	2.05	3.1	56.2	412

注： 每吨按 7.33 桶折算。

数据来源： 人口数据来自国家统计局历年《中国统计年鉴》；2000—2021 年原油数据来自国家统计局历年《中国能源统计年鉴》；2022 年原油生产数据来自《中华人民共和国国民经济和社会发展统计公报 2022》。

表 5-12　原油生产量国际比较

指标 国家/地区	生产总量 /亿吨	占比 /%	日均生产量	
			万吨	万桶
世　界	42.21	100	1156.54	8477.43
OPEC	14.94	35.4	409.38	3000.77
非 OPEC	27.27	64.6	747.16	5476.66
美　国	7.11	16.8	194.83	1428.09
俄罗斯	5.36	12.7	146.97	1077.30
沙特阿拉伯	5.15	12.2	141.10	1034.28
加拿大	2.67	6.3	73.18	536.39
伊拉克	2.01	4.8	55.02	403.31
中　国	**1.99**	**4.7**	**54.49**	**399.40**
伊　朗	1.68	4.0	45.93	336.69
阿联酋	1.64	3.9	45.04	330.11
巴　西	1.57	3.7	42.96	314.87
科威特	1.31	3.1	35.92	263.26
墨西哥	0.97	2.3	26.43	193.77
挪　威	0.94	2.2	25.70	188.36
哈萨克斯坦	0.86	2.0	23.56	172.68
尼日利亚	0.78	1.8	21.35	156.50
卡塔尔	0.73	1.7	20.09	147.24
阿尔及利亚	0.58	1.4	15.94	116.83
利比亚	0.60	1.4	16.34	119.79
安哥拉	0.57	1.3	15.51	113.68
阿　曼	0.47	1.1	12.83	94.03
英　国	0.41	1.0	11.20	82.07
欧　盟	0.18	0.4	4.89	35.84

注：本表数据为 2021 年数据；每吨按 7.33 桶折算。

数据来源：*BP Statistical Review of World Energy* 2022。

表 5-13　分地区原油生产量

単位：万吨

年份 地区	2015	2016	2017	2018	2019	2020	2021	2021 占比 /%
全 国	21456	19969	19151	18932	19101	19477	19888	100
北 京	—	—	—	—	—	—	—	
天 津	3497	3273	3102	3086	3112	3242	3407	17.1
河 北	580	546	539	537	550	544	545	2.7
山 西	—	—	—	—	—	—	—	0.0
内蒙古	46	45	12	12	15	14	42	0.2
辽 宁	1037	1017	1044	1041	1053	1049	1054	5.3
吉 林	666	611	421	387	402	404	414	2.1
黑龙江	3839	3656	3420	3224	3090	3001	2946	14.8
上 海	7	7	7	7	39	52	51	0.3
江 苏	191	166	156	155	154	152	151	0.8
浙 江	—	—	—	—	—	—	—	0.0
安 徽	—	—	—	—	—	—	—	0.0
福 建	—	—	—	—	—	—	—	0.0
江 西	—	—	—	—	—	—	—	0.0
山 东	2608	2295	2235	2242	2226	2219	2211	11.1
河 南	412	316	283	259	251	240	235	1.2
湖 北	71	58	56	54	54	54	53	0.3
湖 南	—	—	—	—	—	—	—	0.0
广 东	1573	1556	1435	1394	1508	1613	1745	8.8
广 西	51	47	44	52	50	49	47	0.2
海 南	30	29	30	30	31	31	37	0.2
重 庆	—	—	—	—	—	—	—	0.0
四 川	15	11	9	8	8	8	9	0.0
贵 州	—	—	—	—	—	—	—	0.0
云 南	—	—	—	—	—	—	—	0.0
西 藏	—	—	—	—	—	—	—	0.0
陕 西	3737	3502	3490	3522	2700	2694	2553	12.8
甘 肃	67	40	47	52	904	969	1029	5.2
青 海	223	221	228	223	228	229	234	1.2
宁 夏	13	6	1	—	—	—	135	0.7
新 疆	2795	2565	2592	2647	2789	2915	2990	15.0

数据来源：国家统计局《中国能源统计年鉴2022》。

表 5-14 主要品种石油生产量

单位：万吨

品种 年份	原油	汽油	煤油	柴油	燃料油	液化 石油气
2000	16300	4135	872	7080	2054	917
2001	16396	4155	789	7486	1864	952
2002	16700	4376	826	7796	1846	1037
2003	16960	4836	855	8533	2005	1212
2004	17587	5265	962	10104	2029	1417
2005	18135	5434	1007	11090	1767	1433
2006	18477	5595	976	11653	1885	1745
2007	18632	5918	1153	12359	1967	1945
2008	19044	6347	1159	13409	1737	1915
2009	18949	7321	1480	14279	1353	1832
2010	20301	7411	1924	14924	2487	2092
2011	20288	8118	1922	15690	2282	2241
2012	20748	8976	2164	17064	2253	2269
2013	20992	9834	2524	17276	2776	2513
2014	21143	11030	3081	17635	3542	2706
2015	21456	12104	3659	18008	3963	2934
2016	19969	12932	3984	17918	4237	3504
2017	19151	13276	4231	18668	4564	3677
2018	18932	14265	4770	18360	3900	3916
2019	19101	14881	5323	17308	4506	4210
2020	19477	14257	4129	16530	5781	4489
2021	19888	16067	4044	16847	6041	4786
2022	20500	—	—	—	—	—

数据来源：2000—2021 年数据来自历年《中国能源统计年鉴》；2022 年的数据来自《中华人民共和国 2022 年国民经济和社会发展统计公报》。

表 5-15　分地区汽油产量

单位：万吨

年份 地区	2015	2016	2017	2018	2019	2020	2021
全　国	12103.6	12932.0	13276.2	14264.7	14880.7	14256.7	16067.3
北　京	298	267	274	276	285	209	227
天　津	246	229	252	289	291	280	416
河　北	433	476	386	446	536	515	542
山　西	0.3	—	0.1	—	—	—	—
内蒙古	148	177	177	152	179	167	170
辽　宁	1129	1212	1316	1593	1789	1767	2092
吉　林	197	211	221	205	239	210	202
黑龙江	480	502	519	512	522	534	557
上　海	537	536	570	528	608	553	542
江　苏	658	699	678	810	810	716	784
浙　江	333	308	352	339	352	440	878
安　徽	217	176	243	270	249	256	284
福　建	391	394	369	372	408	319	343
江　西	194	219	208	240	244	212	198
山　东	2651	3252	3145	2782	2321	2042	2631
河　南	164	204	187	227	207	227	232
湖　北	317	324	375	373	402	344	430
湖　南	228	240	221	279	280	257	282
广　东	886	905	947	1153	1166	1206	1417
广　西	432	432	497	520	517	397	536
海　南	248	233	224	277	301	268	286
重　庆	—	—	—	—	—	—	—
四　川	217	257	280	181	262	232	261
贵　州	—	—	—	85			
云　南	2	1	104	347	398	330	314
西　藏	—	—	—	—	—	—	—
陕　西	705	622	613	654	640	652	684
甘　肃	395	388	425	419	433	451	478
青　海	54	52	52	46	53	53	50
宁　夏	220	259	248	195	206	169	203
新　疆	324	356	392	395	423	367	419

数据来源：国家统计局《中国能源统计年鉴2022》。

表 5-16 分地区煤油产量

单位：万吨

年份 地区	2015	2016	2017	2018	2019	2020	2021
全　国	2732.6	3020.7	3332.8	3714.3	4002.8	3412.4	4043.9
北　京	160	150	191	188	191	103	106
天　津	157	126	172	191	210	99	127
河　北	44	58	43	58	71	90	96
山　西	—	—	—	—	—	—	—
内蒙古	9	14	24	13	20	17	20
辽　宁	429	496	505	612	769	409	363
吉　林	22	28	30	27	32	31	27
黑龙江	68	82	88	64	70	54	55
上　海	293	292	293	258	342	230	214
江　苏	411	434	391	485	500	298	289
浙　江	226	213	247	273	294	524	424
安　徽	0	13	35	40	40	47	55
福　建	275	359	332	357	399	387	340
江　西	34	55	57	67	71	54	46
山　东	201	258	289	305	270	188	163
河　南	49	63	63	67	63	56	54
湖　北	108	98	121	125	149	83	118
湖　南	52	63	64	85	99	74	72
广　东	641	683	713	829	840	669	634
广　西	106	89	113	129	160	77	103
海　南	150	151	133	142	157	113	127
重　庆	—	—	—	—	—	—	—
四　川	29	47	46	47	85	98	122
贵　州							
云　南	—	—	22	96	110	105	98
西　藏	—	—	—	—	—	—	
陕　西	33	30	50	78	79	74	83
甘　肃	74	82	109	112	115	87	101
青　海	—	—	—	—	3	1	
宁　夏	14	20	19	24	25	14	18
新　疆	72	79	84	96	111	67	88

数据来源：国家统计局《中国能源统计年鉴 2022》。

表 5-17 分地区柴油产量

单位：万吨

地区\年份	2015	2016	2017	2018	2019	2020	2021
全　国	18007.9	17917.7	18667.9	18360.1	17308.3	16529.9	16847.0
北　京	209	190	170	160	173	160	140
天　津	545	451	468	467	465	335	244
河　北	498	502	437	412	556	474	448
山　西	—	—	—	2	47	15	43
内蒙古	177	178	192	160	172	168	160
辽　宁	2271	2044	2015	2177	2147	2223	2468
吉　林	350	350	318	284	299	262	208
黑龙江	534	482	426	413	340	318	356
上　海	761	709	707	637	697	691	553
江　苏	719	761	845	764	664	671	611
浙　江	685	631	672	633	642	724	1043
安　徽	280	197	252	183	182	184	169
福　建	506	422	388	486	572	389	354
江　西	212	307	288	289	294	237	204
山　东	3952	4882	5083	3986	3125	2897	3118
河　南	138	144	176	218	204	230	223
湖　北	450	427	490	447	466	395	428
湖　南	287	259	193	221	219	212	222
广　东	1419	1377	1371	1604	1469	1593	1650
广　西	592	528	609	581	577	473	534
海　南	331	268	229	260	278	281	266
重　庆	—	—	—	—	—	—	—
四　川	341	289	292	179	243	217	206
贵　州	—	—	—	—	—	—	—
云　南			156	406	420	385	329
西　藏	—	—	—	—	—	—	—
陕　西	842	744	723	698	677	690	693
甘　肃	584	526	533	531	549	543	511
青　海	67	63	67	61	66	67	63
宁　夏	205	237	302	251	237	201	217
新　疆	1050	949	916	849	857	872	877

数据来源：国家统计局《中国能源统计年鉴2022》。

第四节 天然气生产

表 5-18 天然气生产量

指标 年份	生产总量 /亿立方米	生产总量增速 /%	日均生产量 /(亿立方米/日)	人均生产量 /(立方米/人)
2000	272	7.9	0.7	21.5
2001	303	11.5	0.8	23.8
2002	327	7.7	0.9	25.4
2003	350	7.2	1.0	27.1
2004	415	18.4	1.1	32.0
2005	493	19.0	1.4	37.7
2006	586	18.7	1.6	44.6
2007	692	18.3	1.9	52.5
2008	803	16.0	2.2	60.6
2009	853	6.2	2.3	64.0
2010	958	12.3	2.6	71.6
2011	1053	10.0	2.9	78.2
2012	1106	5.0	3.0	81.9
2013	1209	9.3	3.3	88.7
2014	1302	7.7	3.6	95.4
2015	1346	3.4	3.7	98.2
2016	1369	1.7	3.7	99.3
2017	1480	8.2	4.1	106.8
2018	1602	8.2	4.4	115.0
2019	1754	10.0	4.8	126.0
2020	1925	13.2	5.3	137.3
2021	2076	8.1	5.7	147.0
2022	2201	6.0	6.0	155.9

注：自 2010 年起包括液化天然气数据；人均量根据年中人口数计算。

数据来源：人口数据来自国家统计局历年《中国统计年鉴》；2000—2021 年生产量数据来自国家统计局历年《中国能源统计年鉴》；2022 年数据来自《中华人民共和国 2022 年国民经济和社会发展统计公报》。

表 5-19　天然气生产量国际比较

国家/地区	生产总量 /亿立方米	占比 /%	日均生产量 /亿立方米	自给率 /%
世　界	40369	100	110.60	99.99
非 OECD	25338	62.8	69.42	112.99
OECD	15030	37.2	41.18	83.74
美　国	9342	23.1	25.59	113.00
俄罗斯	7017	17.4	19.22	147.84
伊　朗	2567	6.4	7.03	106.44
中　国	**2092**	**5.2**	**5.73**	**55.25**
卡塔尔	1770	4.4	4.85	442.39
加拿大	1723	4.3	4.72	144.60
澳大利亚	1472	3.6	4.03	373.58
沙特阿拉伯	1173	2.9	3.21	100.00
挪　威	1143	2.8	3.13	2668.60
阿尔及利亚	1008	2.5	2.76	219.96
土库曼斯坦	793	2.0	2.17	216.06
马来西亚	742	1.8	2.03	180.66
埃　及	678	1.7	1.86	109.57
印度尼西亚	593	1.5	1.62	159.90
阿联酋	570	1.4	1.56	48.59
乌兹别克斯坦	509	1.3	1.40	109.67
欧　盟	440	1.1	1.21	11.10
尼日利亚	459	1.1	1.26	——
阿根廷	386	1.0	1.06	84.05
阿　曼	418	1.0	1.14	141.55

注： 本表数据为 2021 年数据；自给率=生产量/消费量。

数据来源： *BP Statistical Review of World Energy* 2022。

表 5-20　分地区天然气生产量

单位：亿立方米

时间 地区	2015	2016	2017	2018	2019	2020	2021
全　国	1346.1	1368.7	1480.4	1601.6	1761.7	1994.9	2155.5
北　京	16.9	21.7	15.4	17.3	14.6	20.0	4.3
天　津	20.5	19.7	21.5	33.9	34.9	36.3	39.0
河　北	10.4	7.8	7.4	6.2	5.8	5.6	5.3
山　西	43.1	43.2	46.8	53.1	82.6	85.9	123.4
内蒙古	9.2	0.3	0.2	16.1	22.1	25.6	289.8
辽　宁	6.6	5.5	5.1	5.9	6.2	7.4	7.9
吉　林	20.3	19.8	18.6	18.4	19.8	19.8	21.4
黑龙江	35.8	38.0	40.5	43.5	45.7	46.8	50.5
上　海	1.9	2.0	1.7	14.5	12.5	15.1	17.2
江　苏	0.4	1.3	2.9	10.0	4.1	4.2	0.9
浙　江	—	—	6.1	—	—	—	—
安　徽	—	3.4	2.6	2.3	2.1	2.2	2.3
福　建	—	—	—	—	—	—	—
江　西	0.4	0.2	0.2	0.2	0.0	—	—
山　东	4.6	4.2	4.2	4.8	5.0	5.8	6.2
河　南	4.2	3.3	3.0	2.9	3.0	2.9	2.9
湖　北	1.4	1.3	1.3	5.1	1.1	1.0	1.3
湖　南	—	—	—	—	—	0.0	0.0
广　东	96.6	79.3	89.2	102.5	112.1	131.6	132.5
广　西	0.2	0.2	0.2	0.2	0.2	0.2	0.2
海　南	1.9	1.4	1.1	1.1	1.0	1.0	8.0
重　庆	33.3	51.8	60.7	61.2	72.7	80.0	87.1
四　川	267.2	296.9	356.4	369.9	416.9	463.3	522.2
贵　州	0.9	3.4	4.2	3.0	3.2	5.0	5.2
云　南	—	0.0	0.0	—	—	—	—
西　藏	—	—	—	—	—	—	—
陕　西	415.9	411.9	419.4	442.9	481.6	527.4	294.1
甘　肃	0.1	0.1	0.6	1.0	1.6	3.9	4.2
青　海	61.4	60.8	64.0	64.1	64.0	64.0	62.0
宁　夏	—	—	—	—	—	—	0.2
新　疆	293.0	291.2	307.0	321.8	341.1	369.8	387.6

数据来源：国家统计局《中国能源统计年鉴 2022》。

表 5-21　分品种天然气生产量

单位：亿立方米

指标 年份	天然气	煤层气	页岩气
2000	272	—	—
2001	303.3	—	—
2002	326.6	—	—
2003	350.2	—	—
2004	414.6	—	—
2005	493.2	0.3	—
2006	585.5	1.3	—
2007	692.4	3.3	—
2008	803	5	—
2009	852.7	7	—
2010	957.9	15	—
2011	1053.4	23	—
2012	1106.1	25.7	0.5
2013	1208.6	30	2
2014	1301.6	36	13
2015	1346.1	44	46.7
2016	1368.7	74.8	78.8
2017	1480.4	70.2	90
2018	1601.6	72.6	108.8
2019	1761.7	88.8	153.8
2020	1994.9	97.7	200.4
2021	2155.5	104.7	—
2022	2201.1	—	—

数据来源：2000—2021 天然气数据来自国家统计局《中国能源统计年鉴》，2022 年数据来自《2022 年国民经济和社会发展统计公报》；2001—2019 年煤层气和页岩气数据来自国土资源部网站，2020—2021 年数据来自国家统计局网站。

第五节 电力生产

表 5-22 发电量及增速

年份	发电量		人均发电量	日均发电量
	绝对额/亿千瓦时	增速/%	绝对额/（千瓦时/人）	绝对额/（亿千瓦时/日）
2000	13685	11.0	1080	37
2001	14839	8.4	1163	41
2002	16542	11.5	1288	45
2003	19052	15.2	1474	52
2004	21944	15.2	1693	60
2005	24975	13.8	1910	68
2006	28499	14.1	2173	78
2007	32644	14.5	2476	89
2008	34510	5.7	2605	94
2009	36812	6.7	2765	101
2010	42278	14.8	3159	116
2011	47306	11.9	3511	130
2012	49865	5.4	3692	136
2013	53721	7.7	3941	147
2014	56801	5.7	4163	156
2015	57400	1.1	4186	157
2016	60228	4.9	4369	165
2017	64529	6.5	4654	177
2018	69947	9.0	5022	192
2019	73269	4.7	5242	201
2020	76264	4.1	5439	208
2021	83959	10.1	5945	230
2022	85806	2.2	6076	235

注：人均量根据年中人口数计算。

数据来源：2000—2021 年发电量数据来自中国电力企业联合会《中国电力统计年鉴 2022》，2022 年发电量数据根据《2022 年全国电力工业统计快报一览表》增速计算得到。

表5-23 发电量国际比较（BP）

单位：亿千瓦时

年份 国家/地区	2015	2016	2017	2018	2019	2020	2021	2021 占比/%
世　界	242920	249242	256477	266773	270366	268892	284663	100.0
OECD	110041	110822	111244	113109	111913	109007	112102	39.4
非 OECD	132879	138420	145234	153664	158453	159885	172561	60.6
中　国	**58146**	**61332**	**66044**	**71661**	**75034**	**77791**	**85343**	**30.0**
美　国	43487	43479	43025	44616	44112	42848	44064	15.5
欧　盟	28979	29191	29514	29353	28940	27790	28953	10.2
印　度	13221	14017	14713	15792	16221	15633	17148	6.0
俄罗斯	10675	10910	10912	11092	11181	10854	11571	4.1
日　本	10301	10351	10421	10532	10258	9970	10197	3.6
加拿大	6593	6637	6645	6558	6508	6491	6410	2.3
巴　西	5812	5789	5893	6014	6263	6213	6544	2.3
德　国	6461	6482	6514	6402	6070	5736	5845	2.1
韩　国	5478	5610	5764	5929	5868	5753	6004	2.1
法　国	5717	5562	5540	5740	5628	5237	5472	1.9
沙特阿拉伯	3388	3374	3544	3349	3354	3380	3566	1.3
伊　朗	2802	2861	3052	3124	3189	3372	3578	1.3
墨西哥	3103	3194	3251	3351	3446	3257	3360	1.2
土耳其	2618	2744	2973	3048	3039	3067	3333	1.2
印度尼西亚	2340	2479	2547	2838	2954	2918	3094	1.1
英　国	3389	3392	3382	3327	3238	3120	3099	1.1
西班牙	2810	2746	2756	2745	2675	2634	2721	1.0
意大利	2830	2898	2958	2897	2939	2805	2872	1.0

数据来源： *BP Statistics Review of World Energy* 2022。

表 5-24　分地区发电量

单位：亿千瓦时

年份 地区	2015	2016	2017	2018	2019	2020	2021	2021年 占比/%
全　国	57400	60228	64529	69947	73269	76264	83959	100
北　京	421	434	397	451	464	457	473	0.6
天　津	623	618	638	725	733	772	800	1.0
河　北	2498	2631	2983	3229	3298	3425	3513	4.2
山　西	2449	2535	2861	3203	3362	3504	3926	4.7
内蒙古	3929	3950	4413	4961	5495	5811	6120	7.3
辽　宁	1665	1779	1844	1986	2073	2135	2258	2.7
吉　林	731	760	760	869	946	1019	1026	1.2
黑龙江	874	900	954	1047	1112	1138	1201	1.4
上　海	793	807	852	848	822	862	1003	1.2
江　苏	4361	4709	4924	5146	5166	5218	5969	7.1
浙　江	3011	3198	3336	3493	3538	3531	4222	5.0
安　徽	2062	2253	2478	2741	2887	2809	3083	3.7
福　建	1901	2007	2226	2479	2578	2651	2951	3.5
江　西	982	1085	1160	1286	1376	1445	1563	1.9
山　东	4685	5329	5775	5920	5897	5806	6210	7.4
河　南	2625	2653	2747	3060	2888	2906	3039	3.6
湖　北	2341	2479	2631	2817	2958	3016	3292	3.9
湖　南	1314	1385	1438	1540	1559	1554	1742	2.1
广　东	4035	4170	4517	4716	5051	5226	6306	7.5
广　西	1300	1347	1468	1732	1846	1971	2082	2.5
海　南	261	288	305	325	346	346	391	0.5
重　庆	680	701	738	812	812	841	991	1.2
四　川	3130	3274	3452	3693	3924	4182	4530	5.4
贵　州	1815	1904	1932	2021	2207	2305	2368	2.8
云　南	2553	2693	2950	3242	3466	3647	3770	4.5
西　藏	45	54	59	69	86	89	113	0.1
陕　西	1623	1757	1846	1920	2193	2379	2740	3.3
甘　肃	1242	1214	1303	1540	1631	1762	1897	2.3
青　海	566	553	615	811	886	952	996	1.2
宁　夏	1155	1144	1406	1672	1766	1882	2083	2.5
新　疆	2479	2719	3037	3306	3670	4122	4684	5.6

数据来源：总量数据来自中国电力企业联合会《中国电力统计年鉴2022》；分省份发电量数据来自《中国能源统计年鉴2022》。

表 5-25 分电源发电量

单位：亿千瓦时

年份	火电	核电	水电	风电	太阳能发电	总计
2000	11079	167	2431	—	—	13865
2005	20437	531	3964	—	—	24975
2010	34166	747	6867	494	1	42278
2011	39003	872	6681	741	6	47306
2012	39255	983	8556	1030	36	49865
2013	42216	1115	8921	1383	84	53721
2014	43030	1332	10601	1598	235	56801
2015	42307	1714	11127	1856	395	57399
2016	43273	2132	11748	2409	665	60228
2017	45558	2481	11931	3034	1166	64171
2018	49249	2950	12321	3658	1769	69947
2019	50465	3487	13021	4053	2240	73269
2020	51770	3662	13553	4665	2611	76264
2021	56655	4075	13399	6558	3270	83959
2022	58888	4178	13522	7627	4273	88487

注：发电量为全口径数据。

数据来源：2000—2021 年数据来自中国电力企业联合会历年《电力统计基本数据一览表》；2022 年数据来自《中华人民共和国国民经济和社会发展统计公报 2022》。

表 5-26　分电源发电结构

%

电源\年份	火电	核电	水电	风电	太阳能发电
2000	79.9	1.2	17.5	—	—
2005	81.8	2.1	15.9	—	—
2010	80.8	1.8	16.2	1.2	—
2011	82.4	1.8	14.1	1.6	0.0
2012	78.7	2.0	17.2	2.1	0.1
2013	78.6	2.1	16.6	2.6	0.2
2014	75.8	2.3	18.7	2.8	0.4
2015	73.7	3.0	19.4	3.2	0.7
2016	71.8	3.5	19.5	4.0	1.1
2017	71.0	3.9	18.6	4.7	1.8
2018	70.4	4.2	17.6	5.2	2.5
2019	68.9	4.8	17.8	5.5	3.1
2020	67.9	4.8	17.8	6.1	3.4
2021	67.5	4.9	16.0	7.8	3.9
2022	66.5	4.7	15.3	8.6	4.8

数据来源：根据表 5-25 数据计算得到。

表 5-27 分电源发电结构国际比较

%

国家/地区	石油	天然气	煤炭	核电	水电	可再生能源	其他
世　界	2.5	22.9	36.0	9.8	15.0	12.8	0.9
OECD	1.3	30.1	20.1	17.0	12.8	17.0	1.6
非 OECD	3.3	18.2	46.3	5.2	16.4	10.1	0.4
欧　盟	1.5	18.9	15.2	25.3	11.9	25.2	2.0
中　国	**0.1**	**3.2**	**62.6**	**4.8**	**15.2**	**13.5**	**0.6**
美　国	0.5	38.4	22.2	18.6	5.8	14.2	0.3
印　度	0.1	3.7	74.1	2.6	9.3	10.0	0.1
俄罗斯	0.7	42.9	17.7	19.2	18.5	0.5	0.4
日　本	3.1	32.0	29.6	6.0	7.6	12.8	9.0
加拿大	0.5	11.8	6.0	14.3	59.4	7.8	0.1
巴　西	3.3	13.3	3.7	2.2	55.4	22.0	0.0
韩　国	1.2	29.4	35.3	26.3	0.5	6.7	0.7
德　国	0.8	15.2	27.8	11.8	3.4	37.2	3.8
法　国	0.0	0.0	0.0	69.3	10.6	11.5	0.0
沙特阿拉伯	39.2	60.5	0.0	0.0	0.0	0.2	0.0
伊　朗	13.6	80.6	0.2	1.0	4.2	0.5	0.0
墨西哥	9.8	60.5	4.0	3.5	10.3	11.8	0.0
英　国	0.5	40.1	2.1	14.8	1.6	37.7	3.2
土耳其	0.1	33.1	31.3	0.0	16.7	18.8	0.0
印度尼西亚	2.1	18.2	61.4	0.0	8.0	10.2	0.1
意大利	2.9	51.0	5.1	0.0	15.0	24.9	1.2
澳大利亚	1.8	17.8	51.4	0.0	6.0	22.9	0.1
西班牙	3.8	25.4	2.2	20.8	10.9	35.2	1.7
南　非	0.6	0.0	85.8	4.3	0.6	6.8	2.0
瑞　典	0.0	0.0	0.0	31.2	42.1	24.8	0.0
波　兰	0.8	8.6	73.1	0.0	1.3	15.4	0.7
乌克兰	0.5	6.6	23.6	55.4	6.7	7.1	0.0

注：本表数据为 2021 年数据。

数据来源：*BP Statistics Review of World Energy* 2022。

表 5-28　各地区分电源发电结构

%

电源 地区	火电	水电	核电	风电	太阳能发电
北　京	94.9	2.9	0.0	0.8	1.3
天　津	95.3	0.0	0.0	2.2	2.5
河　北	76.8	0.7	0.0	14.6	8.0
山　西	82.2	1.0	0.0	11.9	4.8
内蒙古	79.9	0.8	0.0	15.8	3.5
辽　宁	66.3	3.5	17.7	10.1	2.4
吉　林	71.2	10.2	0.0	13.4	5.1
黑龙江	79.0	3.3	0.0	13.5	4.3
上　海	96.6	0.0	0.0	1.8	1.5
江　苏	81.1	0.5	8.1	7.0	3.3
浙　江	72.2	5.6	17.4	1.2	3.7
安　徽	88.9	2.6	0.0	3.5	5.0
福　建	58.4	9.3	26.3	5.1	0.8
江　西	79.6	8.7	0.0	6.6	5.1
山　东	85.0	0.2	3.2	6.6	5.0
河　南	80.9	3.8	0.0	10.8	4.5
湖　北	44.8	48.6	0.0	4.1	2.5
湖　南	58.4	30.9	0.0	8.6	2.2
广　东	73.6	3.6	19.1	2.2	1.6
广　西	57.4	24.8	8.7	7.7	1.3
海　南	65.0	4.6	25.0	1.3	4.1
重　庆	68.7	28.5	0.0	2.3	0.5
四　川	14.7	82.2	0.0	2.4	0.7
贵　州	61.1	31.0	0.0	4.4	3.5
云　南	12.1	80.3	0.0	6.2	1.4
西　藏	3.1	82.7	0.0	0.1	14.1
陕　西	83.3	5.2	0.0	6.4	5.1
甘　肃	53.1	23.8	0.0	15.2	7.9
青　海	15.1	50.7	0.0	13.1	21.2
宁　夏	76.7	1.0	0.0	13.5	8.8
新　疆	78.5	5.9	0.0	11.7	3.9

注：本表数据为 2021 年数据。

数据来源：根据《中国能源统计年鉴 2022》发电量数据计算得到。

表 5-29 发电设备平均利用小时数

单位：小时

电源 年份	总计	火电	核电	水电	风电
2000	4517	4848	7970	3258	—
2001	4588	4900	8320	3129	—
2002	4860	5272	8161	3289	—
2003	5245	5767	7462	3239	—
2004	5455	5991	7578	3462	—
2005	5425	5865	7755	3664	1975
2006	5198	5612	8011	3393	1790
2007	5020	5338	7747	3519	1804
2008	4648	4885	7825	3589	1978
2009	4546	4865	7716	3328	2077
2010	4650	5031	7840	3404	2047
2011	4730	5305	7759	3019	1890
2012	4579	4982	7855	3591	1929
2013	4521	5021	7874	3359	2025
2014	4348	4778	7787	3669	1900
2015	3988	4364	7403	3590	1724
2016	3797	4186	7060	3619	1745
2017	3790	4219	7089	3597	1949
2018	3880	4378	7543	3607	2103
2019	3828	4307	7346	3697	2083
2020	3756	4211	7450	3825	2078
2021	3813	4444	7802	3606	2231
2022	3687	4379	—	3412	—

注：本表数据为 6000 千瓦及以上电厂数据。

数据来源：2000—2013 年数据来自中国电力企业联合会历年《电力工业统计资料汇编》；2014—2021 年数据来自中国电力企业联合会历年《中国电力统计年鉴》；2022 年数据来自《2022 年全国电力工业统计快报一览表》。

表 5-30　分地区发电设备平均利用小时数

单位：小时

地区 ＼ 年份	2015	2016	2017	2018	2019	2020	2021
北　京	3806	3983	3482	3655	3656	3570	3685
天　津	4453	4141	3996	4218	3779	3743	3655
河　北	4116	4159	4135	4047	3790	3489	3139
山　西	3744	3485	3584	3758	3740	3557	3601
内蒙古	4064	3656	3772	4159	4272	4148	3980
辽　宁	3822	3857	3807	3859	3804	3710	3701
吉　林	2742	2756	2841	3004	3065	3137	2963
黑龙江	3519	3411	3384	3413	3482	3356	3176
上　海	3671	3564	3681	3527	3206	3357	3860
江　苏	4908	4806	4563	4213	3995	3902	4183
浙　江	4019	4010	4050	4055	3973	3887	4483
安　徽	4274	4161	4099	4327	4155	3912	3955
福　建	3996	3917	4183	4496	4449	4477	4672
江　西	4564	4165	4068	4126	4112	3969	3849
山　东	4974	4788	4240	4256	4061	3969	4086
河　南	3913	3674	3571	3589	3213	3006	2929
湖　北	3750	3819	3876	4034	3968	3872	3946
湖　南	3375	3325	3313	3391	3483	3404	3564
广　东	3978	3861	4137	4209	3957	3810	4297
广　西	3740	3494	3231	3735	4123	4129	3864
海　南	4768	4137	4126	3946	3878	3631	3937
重　庆	3602	3443	3191	3445	3393	3392	3975
四　川	3946	3786	3787	3874	3988	4223	4321
贵　州	3933	3602	3511	3481	3689	3470	3315
云　南	3618	3192	3394	3600	3620	3754	3556
西　藏	2268	2378	2180	2276	2638	2454	2923
陕　西	4441	4105	4156	3829	3790	3646	3908
甘　肃	2776	2554	2727	3212	3274	3452	3506
青　海	3052	2458	2578	2971	2925	2847	2449
宁　夏	4294	3575	3643	3649	3476	3281	3323
新　疆	3753	3507	3605	3641	3918	4065	4006

注：本表数据为 6000 千瓦及以上电厂数据。

数据来源：来自中国电力企业联合会历年《中国电力统计年鉴》。

表 5-31 分地区火电设备平均利用小时数

单位：小时

年份 地区	2015	2016	2017	2018	2019	2020	2021
北 京	4158	4320	3754	3939	3931	3823	3929
天 津	4519	4314	4147	4471	4028	4015	3921
河 北	4846	4974	5056	5090	4851	4447	4160
山 西	4100	3800	3996	4318	4426	4403	4364
内蒙古	4979	4532	4628	5124	5267	5066	4994
辽 宁	4343	4331	4251	4199	4070	3951	3787
吉 林	3326	3286	3406	3590	3767	3909	3745
黑龙江	4081	3922	3866	3886	3963	3822	3664
上 海	3716	3610	3731	3571	3253	3411	3951
江 苏	5125	5093	4909	4576	4329	4262	4619
浙 江	3950	3921	4165	4201	4075	3888	4761
安 徽	4541	4487	4595	5005	4838	4577	4739
福 建	3872	3161	3879	4507	4299	4610	4877
江 西	4927	4560	5023	5269	5153	5144	5170
山 东	5303	5187	4660	4707	4443	4377	4553
河 南	4025	3855	3860	3893	3523	3330	3273
湖 北	4024	3985	3956	4527	4796	3851	4399
湖 南	3452	3270	3564	4048	3978	3761	4391
广 东	3966	3723	4102	4290	3841	3740	4484
广 西	3184	3008	2655	3502	4353	4492	4689
海 南	5586	4241	4205	4549	4563	4063	4510
重 庆	3658	3340	3021	3572	3584	3403	4314
四 川	2682	2121	2123	2713	3084	3247	3954
贵 州	4304	3980	3899	3938	4237	3883	4240
云 南	1973	1418	1405	1928	2108	2721	2998
西 藏	74	82	111	304	297	313	273
陕 西	4690	4491	4711	4428	4383	4234	4662
甘 肃	3778	3612	3508	4178	4236	4550	4971
青 海	4958	3989	4306	3156	2667	2572	3656
宁 夏	5422	4904	5020	4865	4603	4411	4529
新 疆	4730	4768	4719	4647	5069	5260	5129

注：本表数据为 6000 千瓦及以上电厂数据。

数据来源：来自中国电力企业联合会历年《中国电力统计年鉴》。

第六节 非化石能源生产

表 5-32 新能源发电量及占比

单位：亿千瓦时

年份 \ 电源	风电	太阳能发电	生物质发电	新能源发电总量	新能源发电量占比/%
2010	494	1.2	161	656	1.6
2011	741	6.8	233	981	2.1
2012	1030	36	316	1382	2.8
2013	1383	84	383	1850	3.4
2014	1598	235	461	2294	4.0
2015	1856	395	539	2790	4.9
2016	2409	665	654	3728	6.2
2017	3046	1178	813	5037	7.8
2018	3658	1769	936	6363	9.1
2019	4053	2240	1126	7419	10.1
2020	4665	2611	1355	8631	11.3
2021	6558	3270	1658	11468	13.7
2022	7627	4273	—	—	—

注：发电量为全口径数据。

数据来源：2010—2021 年数据来自中国电力企业联合会历年《电力统计基本数据一览表》；2022 年数据来自国家统计局《国民经济和社会发展统计公报 2022》。

表 5-33 核电发电量国际比较

单位：亿千瓦时

年份 国家/地区	2015	2016	2017	2018	2019	2020	2021	2021 年 占比/%
世　界	25756	26139	26372	27005	27964	26940	28003	100
OECD	19747	19732	19598	19699	19944	18723	19110	68.2
非 OECD	6009	6407	6774	7305	8020	8217	8892	31.8
美　国	8391	8481	8473	8496	8520	8315	8191	29.3
欧　盟	7870	7682	7597	7622	7655	6838	7322	26.1
中　国	**1714**	**2132**	**2481**	**2950**	**3487**	**3662**	**4075**	**14.6**
法　国	4374	4032	3984	4129	3990	3538	3794	13.5
俄罗斯	1955	1966	2031	2046	2090	2159	2224	7.9
韩　国	1648	1620	1484	1335	1459	1602	1580	5.6
加拿大	1011	1007	1006	1000	1005	975	920	3.3
乌克兰	876	810	856	844	830	762	862	3.1
德　国	918	846	763	760	751	644	690	2.5
日　本	45	177	291	491	656	430	612	2.2
西班牙	573	586	581	558	583	583	565	2
瑞　典	563	631	657	685	661	492	531	1.9
比利时	261	435	422	286	435	344	506	1.8
英　国	703	717	703	651	562	503	459	1.6
印　度	383	379	374	391	452	446	439	1.6
捷　克	268	241	283	299	302	300	307	1.1

数据来源：*BP Statistics Review of World Energy* 2022。

表5-34 分地区核电发电量

单位：亿千瓦时

年份 地区	2015	2016	2017	2018	2019	2020	2021
辽　宁	145	200	236	302	327	327	400
江　苏	166	154	173	242	329	356	485
浙　江	496	504	511	587	629	712	733
福　建	290	409	560	644	621	652	777
山　东	—	—	—	39	207	191	197
广　东	606	703	800	892	1102	1161	1204
广　西	—	103	127	161	172	168	181
海　南	4	60	75	77	97	96	98

数据来源：来自国家统计局历年《中国能源统计年鉴》。

表5-35 分地区核电设备平均利用小时数

单位：小时

年份 地区	2010	2011	2012	2013	2014	2015	2016	2017	2018	2019
辽　宁	—	—	—	8438	6879	5815	4982	5273	6739	7307
江　苏	6690	8036	8121	8344	8384	8303	7562	8149	7881	7499
浙　江	7982	7585	7878	7869	7868	7639	7661	7766	7936	7821
福　建	—	—	—	8471	7256	6885	6947	6974	7410	7474
山　东	—	—	—	—	—	—	—	—	8305	7620
广　东	8065	7777	7752	7589	7915	7728	7516	7748	7829	7194
广　西	—	—	—	—	—	7184	5839	7411	7752	
海　南	—	—	—	—	7594	6264	5737	5936	7356	

注：本表数据为6000千瓦及以上电厂数据。

数据来源：来自中国电力企业联合会历年《电力工业统计资料汇编》。

表 5-36 水电发电量国际比较

单位：亿千瓦时

年份 国家/地区	2015	2016	2017	2018	2019	2020	2021	2021 年 占比/%
世　界	38784	40125	40700	41832	42314	43460	42738	100.0
非 OECD	24561	25632	26244	27024	27842	28627	28336	66.3
OECD	14223	14493	14455	14808	14472	14833	14403	33.7
中　国	**11145**	**11533**	**11651**	**11989**	**12725**	**13217**	**13000**	**30.4**
加拿大	3822	3854	3946	3859	3818	3865	3808	8.9
巴　西	3597	3809	3709	3890	3979	3964	3628	8.5
欧　盟	3338	3428	2913	3425	3178	3432	3444	8.1
美　国	2465	2638	2968	2895	2855	2828	2577	6.0
俄罗斯	1680	1846	1852	1906	1944	2124	2145	5.0
印　度	1333	1284	1358	1398	1621	1637	1603	3.8
挪　威	1373	1424	1420	1390	1251	1407	1431	3.3
日　本	858	794	793	811	736	774	776	1.8
越　南	572	642	876	845	665	734	759	1.8
瑞　典	753	620	650	621	652	721	715	1.7
委内瑞拉	748	628	700	582	496	613	612	1.4
法　国	546	599	490	639	560	612	580	1.4
哥伦比亚	447	468	573	567	544	498	599	1.4
土耳其	671	672	582	599	888	781	557	1.3
意大利	441	406	344	488	472	457	431	1.0
奥地利	372	400	383	376	408	420	429	1.0

数据来源：*BP Statistics Review of World Energy* 2022。

表5-37 分地区水电发电量

单位：亿千瓦时

年份 地区	2015	2016	2017	2018	2019	2020	2021
北 京	6.6	12.3	11.3	9.9	10.2	11.5	13.7
天 津	0.2	0.0	0.1	0.2	0.1	0.1	0.2
河 北	10.0	22.3	15.6	10.5	16.4	15.2	24.0
山 西	29.3	37.5	42.5	43.2	49.1	46.8	38.5
内蒙古	36.4	27.5	20.1	36.5	58.1	57.4	49.0
辽 宁	32.3	47.0	30.3	33.6	43.6	56.6	78.4
吉 林	58.4	82.4	63.5	63.4	66.8	93.8	104.9
黑龙江	16.9	16.9	21.0	26.2	27.7	32.0	39.1
江 苏	11.7	17.4	28.9	33.2	30.8	32.2	31.4
浙 江	229.1	274.4	204.1	180.0	256.6	209.1	237.7
安 徽	48.7	63.2	57.1	53.8	51.1	66.2	80.7
福 建	466.1	644.4	463.7	351.2	442.4	291.8	274.3
江 西	178.3	198.5	153.2	120.3	167.7	144.9	135.6
山 东	7.8	13.9	6.5	4.6	5.2	8.7	12.4
河 南	110.2	95.5	101.2	144.0	145.1	140.2	116.3
湖 北	1328.5	1410.7	1504.2	1465.5	1357.0	1647.2	1598.9
湖 南	572.5	621.5	594.9	535.8	544.0	573.7	537.6
广 东	436.8	443.3	319.2	255.7	391.0	285.4	224.4
广 西	749.3	654.4	686.0	699.4	593.4	614.5	517.4
海 南	11.4	19.1	26.4	25.5	17.3	16.7	18.1
重 庆	229.4	247.2	261.7	257.9	242.3	281.0	282.8
四 川	2667.6	2852.1	3023.6	3162.7	3316.9	3541.4	3724.5
贵 州	789.2	733.7	723.7	714.9	769.4	831.2	734.5
云 南	2177.6	2278.2	2489.7	2695.3	2855.9	2960.0	3028.2
西 藏	39.5	48.8	51.1	57.3	68.5	70.2	93.2
陕 西	134.3	125.1	140.2	137.0	155.0	128.1	141.4
甘 肃	336.0	313.5	350.6	411.4	496.1	506.8	451.8
青 海	364.3	300.9	328.1	517.9	554.0	599.0	504.9
宁 夏	15.5	14.0	15.5	19.8	21.9	22.5	20.7
新 疆	209.1	224.8	244.1	251.4	292.0	268.2	275.6

数据来源：国家统计局《中国能源统计年鉴2022》。

表 5-38 分地区水电设备平均利用小时数

单位：小时

年份 地区	2015	2016	2017	2018	2019	2020	2021
北 京	664	1234	1135	1000	1032	1156	1380
河 北	563	1242	999	753	829	780	1143
山 西	1245	1575	1721	1850	2247	2142	1706
内蒙古	1756	1152	970	1873	2424	2403	2581
辽 宁	1082	1911	1539	1539	1439	1844	2554
吉 林	1400	2214	2021	2036	1654	1900	1748
黑龙江	1864	2167	2396	2465	2558	2901	2317
江 苏	1011	1524	1294	1256	1162	1217	1171
浙 江	2137	2504	1790	1546	2032	1745	1770
安 徽	1444	2045	1786	1674	1435	1673	1565
福 建	3368	4776	3259	2504	3345	2196	2070
江 西	3276	3807	2353	1831	2420	2094	1907
山 东	698	1348	616	442	473	794	974
河 南	2655	2228	2446	3538	3571	3430	2799
湖 北	3620	3869	4120	4071	3758	4495	4309
湖 南	3362	3621	3245	2785	3421	3754	3398
广 东	2796	3631	2869	1519	1932	1479	1222
广 西	4385	3803	3814	3882	3750	3714	3061
海 南	1518	2577	2769	1962	1089	972	1080
重 庆	3514	3729	3692	3345	3273	3730	3763
四 川	4286	4234	4236	4220	4291	4571	4574
贵 州	3840	3315	3287	3268	3406	3631	3216
云 南	3913	3792	4059	4241	4184	4221	3876
西 藏	3118	3136	3229	3597	4116	3821	4470
陕 西	3063	2437	3105	2868	3697	3515	4261
甘 肃	3854	3534	4162	4840	5180	5247	4534
青 海	3257	2572	2816	4360	4649	5024	4234
宁 夏	3693	3356	3716	4711	5161	5312	4894
新 疆	3617	3452	3755	3626	3762	3430	3339

注：本表数据为6000千瓦及以上电厂数据。

数据来源：来自电力企业联合会历年《中国电力统计年鉴》。

表 5-39 风电发电量国际比较

单位：亿千瓦时

年份 国家/地区	2015	2016	2017	2018	2019	2020	2021	2021 年 占比/%
世　界	8313	9621	11404	12700	14205	15964	18619	100.0
OECD	5594	6079	6984	7448	8303	9354	9767	52.5
非 OECD	2719	3542	4420	5252	5902	6611	8852	47.5
中　国	**1856**	**2409**	**3046**	**3658**	**4053**	**4665**	**6556**	**35.2**
欧　盟	2631	2668	3123	3206	3643	3973	3895	20.9
美　国	1926	2293	2569	2754	2989	3414	3836	20.6
德　国	806	799	1057	1100	1259	1321	1177	6.3
巴　西	216	335	424	485	560	571	723	3.9
印　度	327	435	526	603	633	604	681	3.7
英　国	403	372	496	569	638	754	645	3.5
西班牙	493	489	491	509	531	564	624	3.3
法　国	214	213	245	285	346	397	370	2.0
加拿大	270	309	315	331	329	356	351	1.9
土耳其	117	155	179	199	217	248	311	1.7
瑞　典	163	155	176	166	198	275	273	1.5
澳大利亚	118	130	132	163	195	226	268	1.4
意大利	148	177	177	177	200	186	206	1.1
墨西哥	87	104	106	131	167	197	209	1.1
荷　兰	75	82	106	105	115	153	179	1.0

数据来源：*BP Statistics Review of World Energy* 2022。

表 5-40 分地区风电发电量

单位：亿千瓦时

地区 \ 年份	2015	2016	2017	2018	2019	2020	2021
北　京	2.6	3.3	3.5	3.5	3.4	3.7	4.0
天　津	6.3	5.8	5.9	8.1	10.8	11.6	17.7
河　北	186.2	209.3	249.6	282.6	317.7	367.6	511.4
山　西	85.8	120.3	164.3	212.1	224.3	265.7	469.1
内蒙古	407.9	464.2	545.0	631.0	665.8	726.3	967.2
辽　宁	111.8	128.9	151.7	165.1	183.1	193.9	227.2
吉　林	72.7	84.7	65.9	104.8	114.6	129.6	137.9
黑龙江	64.7	79.6	108.5	124.6	140.0	141.4	161.6
上　海	4.8	6.7	15.0	17.7	16.9	18.9	18.3
江　苏	59.3	94.1	120.5	172.5	183.9	229.0	415.7
浙　江	16.4	23.4	26.2	30.6	32.6	36.4	49.0
安　徽	20.6	34.2	39.6	50.1	47.0	56.8	106.9
福　建	45.0	50.2	65.9	72.3	87.3	122.3	151.9
江　西	11.3	18.8	31.4	41.2	51.3	70.7	103.6
山　东	102.9	142.5	164.2	213.6	225.0	259.2	409.4
河　南	13.7	18.0	26.2	56.9	88.0	138.5	328.3
湖　北	17.2	40.4	54.8	64.4	73.8	81.8	134.3
湖　南	28.4	39.6	49.0	60.4	75.0	98.9	149.6
广　东	55.4	47.4	57.3	63.1	71.0	102.9	136.5
广　西	5.9	13.8	24.3	42.0	61.3	106.2	160.6
海　南	6.0	6.4	5.4	5.1	4.8	5.7	5.0
重　庆	2.1	4.7	7.7	8.3	11.0	13.9	22.6
四　川	10.2	17.9	38.5	54.7	71.3	86.2	109.4
贵　州	39.0	55.2	64.5	68.4	78.1	96.8	104.8
云　南	92.3	155.3	191.7	220.0	245.3	249.9	235.5
西　藏	—	—	—	0.1	0.2	0.1	0.1
陕　西	27.9	37.5	51.9	72.2	83.6	94.9	175.9
甘　肃	126.7	136.4	185.4	230.1	228.1	246.3	288.4
青　海	6.6	10.0	17.4	37.6	66.5	81.5	130.0
宁　夏	80.5	125.5	149.8	186.8	185.6	194.2	281.2
新　疆	147.8	196.6	291.5	359.8	413.3	433.7	547.8

数据来源：来自国家统计局历年《中国能源统计年鉴》。

表 5-41　分地区风电设备平均利用小时数

单位：小时

年份 地区	2015	2016	2017	2018	2019	2020	2021
北　京	1703	1750	1854	1866	1816	2005	2057
天　津	2227	2075	2095	1830	1965	1769	1883
河　北	1808	2070	2250	2276	2144	2145	2208
山　西	1697	1936	1992	2196	1918	1680	2348
内蒙古	1865	1830	2063	2251	2306	2375	2429
辽　宁	1780	1929	2142	2265	2300	2244	2292
吉　林	1430	1333	1721	2057	2216	2309	2298
黑龙江	1520	1666	1907	2144	2323	2266	2209
上　海	1999	2162	2337	2489	2065	2289	2189
江　苏	1753	1980	1987	2216	1973	2001	2390
浙　江	1887	2161	2007	2173	2090	2131	2111
安　徽	1742	2109	2006	2150	1809	1819	2259
福　建	2658	2503	2756	2587	2639	2880	2703
江　西	2030	2114	1995	1940	2028	2104	2012
山　东	1795	1869	1784	1971	1863	1798	2250
河　南	1793	1902	1721	1746	1480	1536	2120
湖　北	1927	2063	2098	2159	1960	1881	2132
湖　南	2117	2125	2097	2051	1960	2028	2080
广　东	1765	1928	2044	1860	1761	2096	1880
广　西	2143	2359	2280	2294	2385	2744	2324
海　南	1914	1801	1848	1524	1645	1984	1743
重　庆	2184	2023	2286	2177	1996	2149	2145
四　川	2360	2247	2353	2333	2553	2537	2377
贵　州	1199	1806	1818	1821	1861	2049	1851
云　南	2573	2243	2439	2643	2808	2857	2617
西　藏	1760	1908	1672	1863	2173	1890	1929
陕　西	2014	1951	1893	1959	1931	1748	2119
甘　肃	1184	1088	1469	1772	1787	1904	2022
青　海	1952	1726	1664	1524	1743	1474	1519
宁　夏	1614	1553	1650	1888	1811	1653	2018
新　疆	1571	1290	1748	1941	2113	2153	2309

注： 本表数据为 6000 千瓦及以上电厂数据。

数据来源： 来自中国电力企业联合会历年《中国电力统计年鉴》。

表 5-42　太阳能发电量国际比较

单位：亿千瓦时

年份 国家/地区	2015	2016	2017	2018	2019	2020	2021	2021年占比/%
世　界	2547.4	3275.8	4454.7	5762.3	7039.5	8462.3	10325.0	100.0
OECD	1941.5	2285.1	2776.1	3243.6	3729.6	4424.7	5232.6	50.7
非 OECD	605.9	990.7	1678.5	2518.8	3309.9	4037.6	5092.4	49.3
中　国	**394.8**	**665.3**	**1178.0**	**1769.0**	**2240.0**	**2611.0**	**3270.0**	**31.7**
美　国	394.3	554.2	780.6	943.1	1079.7	1320.4	1653.6	16.0
欧　盟	988.3	990.2	1058.6	1125.0	1232.7	1432.8	1606.2	15.6
日　本	345.4	433.3	542.4	621.5	677.5	751.4	862.7	8.4
印　度	65.7	115.6	215.4	363.3	462.7	586.8	683.1	6.6
德　国	371.7	366.7	378.9	434.6	443.8	486.4	490.0	4.7
澳大利亚	62.0	74.4	89.2	123.3	183.0	238.4	311.9	3.0
西班牙	138.6	136.4	143.2	127.4	151.1	206.7	268.1	2.6
越　南	0.0	0.1	0.1	1.0	52.5	108.6	257.7	2.5
意大利	229.4	221.0	243.8	226.5	236.9	245.5	250.7	2.4
韩　国	42.3	55.2	77.4	101.5	141.6	193.0	218.2	2.1
巴　西	0.6	0.9	8.3	34.6	66.5	107.5	167.5	1.6
法　国	72.6	81.6	91.0	104.1	117.5	129.3	146.1	1.4
英　国	75.3	104.1	114.8	126.7	125.8	131.6	123.8	1.2
墨西哥	2.0	2.5	11.9	31.8	73.7	94.5	119.1	1.2
土耳其	1.9	10.4	28.9	78.0	92.5	109.5	128.3	1.2
荷　兰	11.2	15.6	22.0	37.0	54.0	87.6	114.4	1.1
智　利	13.6	25.5	39.0	51.2	63.0	76.1	106.0	1.0

数据来源： *BP Statistics Review of World Energy* 2022。

表 5-43　分地区太阳能发电量

单位：亿千瓦时

地区 ＼ 年份	2015	2016	2017	2018	2019	2020	2021
北　京	0.5	1.1	2.3	3.1	4.8	6.2	6.2
天　津	0.0	0.2	4.9	8.1	15.4	18.8	20.0
河　北	9.5	26.5	73.0	126.5	176.3	210.6	279.3
山　西	3.2	14.5	47.3	94.1	127.5	158.6	189.5
内蒙古	57.0	83.3	106.2	129.2	162.8	186.1	211.9
辽　宁	1.2	3.4	11.0	31.9	42.2	51.0	55.1
吉　林	0.8	0.9	9.6	24.2	39.8	45.2	52.3
黑龙江	0.2	0.4	3.8	20.3	32.4	42.7	51.2
上　海	0.4	0.5	0.6	6.1	7.8	9.8	15.4
江　苏	19.3	41.2	64.6	119.8	154.1	166.8	195.3
浙　江	7.7	22.2	35.3	100.3	119.0	131.0	154.6
安　徽	3.7	20.7	61.3	103.6	124.7	130.2	154.5
福　建	4.7	3.5	3.9	13.6	15.9	19.2	25.0
江　西	2.3	11.1	26.7	51.5	55.9	61.7	80.3
山　东	21.1	30.0	56.5	136.8	166.9	206.5	310.5
河　南	0.9	13.1	38.0	83.8	101.8	112.2	135.7
湖　北	1.4	11.4	24.3	48.9	56.8	64.6	83.1
湖　南	0.4	0.6	6.0	20.5	25.9	30.0	37.9
广　东	1.8	4.5	13.4	37.6	53.4	73.7	102.6
广　西	0.4	0.8	3.3	9.3	13.5	16.9	28.1
海　南	1.9	2.1	2.9	6.3	14.0	14.4	16.1
重　庆	—	—	0.6	2.1	3.3	4.2	4.8
四　川	1.1	6.1	16.1	22.4	28.2	27.0	29.7
贵　州	—	0.9	7.5	15.8	19.6	45.3	82.6
云　南	5.7	21.0	27.8	35.1	48.2	50.0	51.1
西　藏	2.6	2.9	4.8	8.4	12.8	14.2	15.9
陕　西	8.1	13.3	40.6	71.3	94.2	118.5	140.7
甘　肃	59.1	60.2	72.2	95.0	118.4	133.3	149.8
青　海	72.7	89.9	108.4	131.1	158.2	166.9	210.7
宁　夏	40.8	51.3	73.7	97.3	114.7	135.7	183.3
新　疆	59.4	78.5	116.9	121.5	136.0	157.2	184.3

数据来源：来自国家统计局历年《中国能源统计年鉴》。

第六章　能源贸易

第一节 综合能源贸易

表6-1 能源进出口量

指标 年份	进口量 /万吨 标准煤	出口量 /万吨 标准煤	日均进口量/(万吨标准煤/日)	日均出口量/(万吨标准煤/日)	净进口量 /万吨 标准煤	对外依存度/%
2000	14327	9327	39	25	5000	3.5
2001	13469	11558	37	32	1911	1.3
2002	15767	11220	43	31	4547	2.8
2003	20048	12989	55	36	7059	3.8
2004	26593	11646	73	32	14947	6.8
2005	26823	11257	73	31	15566	6.4
2006	31171	10925	85	30	20246	7.6
2007	35062	9995	96	27	25067	8.7
2008	36764	9955	100	27	26809	8.8
2009	47313	8440	130	23	38873	12.0
2010	57671	8803	158	24	48868	13.5
2011	65437	8449	179	23	56988	14.3
2012	68701	7374	188	20	61327	14.9
2013	73420	8005	201	22	65415	15.4
2014	78027	8270	214	23	69757	16.1
2015	77695	9785	213	27	67910	15.8
2016	90235	11956	247	33	78279	18.5
2017	100039	12669	274	35	87370	19.6
2018	110787	13337	304	37	97450	20.5
2019	119064	14151	326	39	104913	20.9
2020	124805	12838	341	35	111967	21.6
2021	124807	13122	342	36	111685	20.5

注：净进口量＝进口量-出口量；对外依存度＝净进口量/(生产量+净进口量)。

数据来源：2000—2020年数据来自国家统计局网站 https：//data.stats.gov.cn；2021年数据来自《中国能源统计年鉴2022》。

第二节 煤炭贸易

表 6-2 煤炭进出口量

指标＼年份	进口量/万吨	出口量/万吨	日均进口量/（万吨/日）	日均出口量/（万吨/日）	净进口量/万吨	对外依存度/%
2000	218	5505	0.6	15.0	−5287	—
2001	249	9012	0.7	24.7	−8763	—
2002	1081	8384	3.0	23.0	−7303	—
2003	1110	9403	3.0	25.8	−8293	—
2004	1861	8666	5.1	23.7	−6805	—
2005	2622	7172	7.2	19.6	−4550	—
2006	3811	6327	10.4	17.3	−2516	—
2007	5102	5317	14.0	14.6	−215	—
2008	4034	4543	11.0	12.4	−509	—
2009	12584	2240	34.5	6.1	10344	3.2
2010	18307	1910	50.2	5.2	16397	4.6
2011	22236	1466	60.9	4.0	20770	5.2
2012	28841	928	78.8	2.5	27913	6.6
2013	32702	751	89.6	2.1	31951	7.4
2014	29122	574	79.8	1.6	28548	6.9
2015	20406	534	55.9	1.5	19872	5.0
2016	25555	879	69.8	2.4	24676	6.7
2017	27092	802	74.2	2.2	26290	6.9
2018	28210	494	77.3	1.4	27716	7.0
2019	29977	603	82.1	1.7	29374	7.1
2020	30361	319	83.0	0.9	30042	7.1
2021	32294	260	88.5	0.7	32034	7.2
2022	29320	400	80.3	1.1	28920	6.0

注：负值表示净出口；对外依存度＝净进口量/（生产量+净进口量）。

数据来源：2000—2021 年数据来自国家统计局网站 https：//data. stats. gov. cn；2022 年数据来自海关总署网站 http：//www. customs. gov. cn。

表 6-3　煤炭进出口额

指标 年份	出口额 /百万 美元	日均 出口额 /(百万 美元/日)	平均出口 单价 /(美元 /吨)	进口额 /百万 美元	日均 进口额 /(百万 美元/日)	平均进口 单价 /(美元 /吨)
2000	1459	3.99	26.5	69	0.19	31.7
2001	2666	7.30	29.6	88	0.24	35.3
2002	2532	6.94	30.2	328	0.90	30.3
2003	2750	7.53	29.2	363	0.99	32.7
2004	3811	10.41	44.0	892	2.44	47.9
2005	4272	11.70	59.6	1383	3.79	52.7
2006	3681	10.08	58.2	1618	4.43	42.5
2007	3296	9.03	62.0	2422	6.64	47.5
2008	5240	14.32	115.3	3509	9.59	87.0
2009	2375	6.51	106.0	10574	28.97	84.0
2010	2252	6.17	117.9	16932	46.39	92.5
2011	2717	7.44	185.3	23890	65.45	107.4
2012	1588	4.34	171.1	28716	78.46	99.6
2013	1062	2.91	141.4	29066	79.63	88.9
2014	695	1.90	121.1	22257	60.98	76.4
2015	499	1.37	93.4	12101	33.15	59.3
2016	698	1.91	79.4	14152	38.67	55.4
2017	1104	3.02	137.7	22637	62.02	83.6
2018	788	2.16	159.5	24761	67.84	87.8
2019	934	2.56	154.9	23394	64.09	78.0
2020	436	1.19	136.7	20287	55.43	66.8
2021	504	1.38	193.8	36163	99.08	112.0
2022	1214	3.33	303.5	42441	116.28	144.8

数据来源：2000—2021 年数据来自国家统计局网站 https：//data.stats.gov.cn；2022 年数据来自海关总署网站 http：//www.customs.gov.cn。

表6-4 煤炭进出口国际比较

单位：万吨标准煤

指标 国家/地区	产量	进口量	出口量	净进口量	对外依存度 /%
世　界	546302	111688	118041	—	—
中　国	**284480**	**23971**	**614**	**23357**	**8**
印　度	39454	16410	117	16293	29
日　本	60	14855	322	14532	100
朝　鲜	67	10422	0	10422	99
非OECD	444141	70000	64295	5705	1
土耳其	2145	3644	32	3612	63
德　国	3343	3015	202	2813	46
巴　西	298	1665	0	1665	85
乌克兰	1823	1578	6	1572	46
法　国	—	731	1	729	—
意大利	0	707	30	677	100
荷　兰	0	567	27	540	100
英　国	157	543	118	425	73
芬　兰	83	258	14	244	75
西班牙	0	422	179	243	100
瑞　典	8	215	2	212	96
希　腊	233	27	0	27	10
波　兰	5748	1106	1087	20	—
加拿大	3433	617	2716	−2099	—
美　国	36833	379	5873	−5494	—
哥伦比亚	4893	0	6892	−6891	—
南　非	19961	44	6982	−6937	—
OECD	102160	41687	53746	−12058	—
俄罗斯	33209	2083	19179	−17096	—
印度尼西亚	42338	843	31638	−30795	—
澳大利亚	42116	67	35867	−35800	—

注：本表数据为2020年数据；负值表示净出口；对外依存度=净进口量/（生产量+净进口量）。

数据来源：IEA，*World Energy Balances*（2022 edition）。

表6-5 分地区煤炭调入调出量

单位：万吨

地区 \ 指标	原煤产量	调入量	调出量	进口量	出口量	净调入量	净调入比例/%
北　京	0	130	0	0	0	130	100.0
天　津	0	4967	1299	102	0	3668	97.3
河　北	4643	30867	9343	548	10	21524	80.6
山　西	120346	12099	75963	0	0	-63863	-53.1
内蒙古	106990	11893	69720	1371	0	-57827	-53.4
辽　宁	3088	16805	1522	782	0	15283	79.8
吉　林	905	7257	377	688	0	6880	81.2
黑龙江	6016	9695	1290	353	0	8406	56.9
上　海	0	3826	14	1125	0	3811	77.2
江　苏	934	38489	13595	1521	0	24894	91.0
浙　江	0	13014	0	2938	0	10234	77.7
安　徽	11274	11925	5397	0	0	6528	36.7
福　建	548	5237	1610	5993	0	3628	35.7
江　西	237	8008	119	40	0	7889	96.6
山　东	9312	32274	2189	959	11	30085	74.6
河　南	9372	19123	9746	0	0	9377	50.0
湖　北	30	12091	0	104	0	10144	98.7
湖　南	727	9416	844	205	0	8572	90.2
广　东	0	15340	3457	8293	0	11883	58.9
广　西	352	8825	43	47	0	8058	95.3
海　南	0	1288	908	738	0	985	57.2
重　庆	0	6905	1530	0	0	5374	100.0
四　川	1953	7036	1085	0	0	5952	75.3
贵　州	13232	1232	1920	0	0	-688	-5.2
云　南	6099	3584	1223	0	0	2361	27.9
陕　西	70192	3246	51148	0	0	-47902	-68.2
甘　肃	4407	5226	1459	0	0	3767	46.1
青　海	1109	674	8	0	0	666	37.5
宁　夏	8670	7862	1102	0	0	6759	43.8
新　疆	32148	1180	4008	118	0	-2828	-8.8

注：本表数据为2021年数据；净调入量＝调入量－调出量，负值表示净调出量及净调出比重。对于净调入省份，净调入比重＝净调入量/（生产量＋净调入量＋净进口量）；对于净调出省份，净调出比重＝净调出量/（生产量＋净进口量）。

数据来源：国家统计局《中国能源统计年鉴2022》。

表 6-6 煤炭铁路运输情况

年份 \ 指标	铁路煤货运量/万吨	占铁路总货运量比例/%	铁路煤货运周转量/亿吨公里	占铁路货物总周转量比例/%	平均运距/公里
2000	68545	38.4	3806	27.6	555
2001	76625	39.7	4276	29.1	558
2002	81852	39.9	4639	29.6	567
2003	88132	39.3	5055	29.3	574
2004	99210	39.8	5713	29.6	576
2005	107082	39.8	6374	30.8	595
2006	112034	38.9	6728	30.6	601
2007	122081	38.8	7416	31.2	607
2008	134325	40.7	8360	33.3	622
2009	132720	39.8	8478	33.6	639
2010	156020	42.8	10016	36.2	642
2011	172126	43.8	11247	38.2	653
2012	168515	43.2	10874	37.3	645
2013	167946	42.8	10862	37.2	647
2014	164131	43.0	10596	38.5	646
2015	143221	42.7	8868	37.3	619
2016	131791	39.6	8253	34.7	626
2017	149130	40.4	9707	36.0	651
2018	166422	41.3	10964	38.0	659
2019	172263	39.2	11335	37.6	658
2020	169692	37.3	11132	36.5	656
2021	181746	38.1	12739	38.3	701

数据来源：国家统计局网站 https：//data. stats. gov. cn。

第三节 石油贸易

表6-7 石油进出口量

指标 年份	进口量 /万吨	出口量 /万吨	净进口量 /万吨	日均 净进口量 /万吨	日均 净进口量 /万桶	对外依存度/%
2000	9749	2172	7577	20.7	151.7	31.7
2001	9118	2047	7071	19.4	142.0	30.1
2002	10269	2139	8130	22.3	163.3	32.7
2003	13190	2541	10649	29.2	213.9	38.6
2004	17291	2241	15050	41.1	301.4	46.1
2005	17163	2888	14275	39.1	286.7	44.0
2006	19453	2626	16827	46.1	337.9	47.7
2007	21139	2664	18475	50.6	371.0	49.8
2008	23016	2946	20070	54.8	401.9	51.3
2009	25642	3917	21725	59.5	436.3	53.4
2010	29437	4079	25358	69.5	509.2	55.5
2011	31594	4117	27477	75.3	551.8	57.5
2012	33089	3884	29205	79.8	584.9	58.5
2013	34265	4177	30088	82.4	604.2	58.9
2014	36180	4214	31966	87.6	641.9	60.2
2015	39749	5128	34621	94.9	695.3	61.7
2016	44503	6383	38120	104.2	763.4	65.6
2017	49141	7027	42114	115.4	845.7	68.7
2018	54094	7557	46537	127.5	934.6	71.1
2019	58102	8211	49891	136.7	1001.9	72.3
2020	61272	7551	53721	146.8	1075.9	73.4
2021	58820	7617	51203	140.3	1028.3	72.0
2022	53473	5574	47899	131.2	961.9	70.1

注：石油对外依存度＝石油净进口量/（原油生产量＋石油净进口量）；每吨按7.33桶折算。

数据来源：2000—2021年数据来自国家统计局历年《中国能源统计年鉴》2022年根据海关总署网站原油与成品油进出口数据计算得到。

表 6-8 石油进出口额

指标 年份	进口额 /亿美元	日均 进口额 /(亿美 元/日)	出口额 /亿美元	日均 出口额 /(亿美 元/日)	净进口额 /亿美元	日均净 进口额 /(亿美 元/日)
2000	185	0.51	43	0.12	142	0.39
2001	154	0.42	35	0.10	119	0.33
2002	166	0.45	37	0.10	129	0.35
2003	256	0.70	54	0.15	202	0.55
2004	432	1.18	53	0.14	379	1.04
2005	582	1.59	91	0.25	491	1.35
2006	820	2.25	98	0.27	722	1.98
2007	962	2.64	108	0.30	854	2.34
2008	1594	4.36	166	0.45	1428	3.90
2009	1062	2.91	147	0.40	915	2.51
2010	1575	4.32	187	0.51	1388	3.80
2011	2294	6.28	227	0.62	2067	5.66
2012	2539	6.94	235	0.64	2304	6.30
2013	2517	6.90	260	0.71	2257	6.18
2014	2517	6.90	263	0.72	2254	6.18
2015	1488	4.08	206	0.56	1282	3.51
2016	1270	3.47	201	0.55	1068	2.92
2017	1775	4.86	273	0.75	1502	4.11
2018	2601	7.13	370	1.01	2232	6.11
2019	2581	7.07	387	1.06	2194	6.01
2020	1890	5.16	257	0.70	1633	4.46
2021	2743	7.51	325	0.89	2418	6.62
2022	3815	10.45	—	—	—	—

数据来源：根据海关总署网站原油进出口额与成品油进出口额数据计算
得到。

表 6-9 石油进出口量国际比较

单位：万吨

指标 国家/地区	原油 进口	石油制品进口	原油 出口	石油制品出口	原油 净进口	石油制品 净进口
世 界	205885	122500	205885	122520	0	0
中 国	**52596**	**10341**	**157**	**6058**	**52440**	**4282**
欧 洲	46774	19750	3638	11052	43136	8698
美 国	30467	11286	13855	24444	16612	−13158
其他亚太地区	25710	20206	3818	13119	21892	7087
印 度	21375	4937	5	6934	21369	−1997
日 本	12205	4302	41	1096	12164	3207
新加坡	4702	9183	101	6893	4601	2290
加拿大	2391	3064	19744	3354	−17353	−291
其他中东地区	1867	1966	9697	6244	−7830	−4277
澳 洲	1489	2619	923	537	566	2082
东南非洲	1237	4109	483	275	754	3835
北 非	930	3085	8542	4538	−7612	−1453
阿联酋	316	3179	14607	8673	−14291	−5494
西 非	47	4603	18737	855	−18689	3748
俄罗斯	2	187	26357	14067	−26354	−13880
沙特阿拉伯	1	1614	32321	5765	−32320	−4151
墨西哥	†	5896	5288	824	−5288	5072
伊拉克	†	833	17610	1231	−17610	−397
科威特	†	94	8836	2426	−8836	−2332

注：本表数据为 2021 年数据；负值表示净出口；† 表示数值小于 0.05。

数据来源：*BP Statistical Review of World Energy* 2022。

表6-10 日均石油进出口量国际比较

单位：万桶

指标 国家/地区	原油 进口	石油制品 进口	原油 出口	石油制品 出口	原油 净进口	石油制品 净进口
世　界	4135	2561	4135	2561	0	0
中　国	**1056**	**216**	**3**	**127**	**1053**	**90**
欧　洲	939	413	73	231	866	182
美　国	612	236	278	511	334	−275
其他亚太地区	516	422	77	274	440	148
印　度	429	103	0	145	429	−42
日　本	245	90	1	23	244	67
新加坡	94	192	2	144	92	48
加拿大	48	64	397	70	−348	−6
其他中东地区	37	41	195	131	−157	−89
澳　洲	30	55	19	11	11	44
东南非洲	25	86	10	6	15	80
北　非	19	64	172	95	−153	−30
阿联酋	6	66	293	181	−287	−115
西　非	1	96	376	18	−375	78
俄罗斯	‡	4	529	294	−529	−290
沙特阿拉伯	‡	34	649	121	−649	−87
墨西哥	‡	123	106	17	−106	106
伊拉克	‡	17	354	26	−353	−8
科威特	‡	2	177	51	−177	−49

注：本表数据为2021年数据；负值表示净出口；‡表示数值小于0.5。

数据来源：*BP Statistical Review of World Energy* 2022。

表 6-11　分来源原油进口量

指标 国家/地区	进口量 /万吨	日均进口量 /万桶	进口份额 /%
总　计	52596	1056.2	100.0
沙特阿拉伯	8757	175.9	16.6
俄罗斯	7964	159.9	15.1
西　非	5991	120.3	11.4
中南美	5759	115.6	10.9
伊拉克	5408	108.6	10.3
中东其他国家	5387	108.2	10.2
阿联酋	3194	64.1	6.1
科威特	3016	60.6	5.7
其他亚太地区	2165	43.5	4.1
欧　洲	2116	42.5	4.0
美　国	1147	23.0	2.2
北　非	667	13.4	1.3
加拿大	390	7.8	0.7
东南非	71	1.4	0.1
澳　洲	49	1.0	0.1
墨西哥	39	0.8	0.1

注：本表数据为 2021 年中国从其他国家和地区进口原油数据；其他亚太地区指除了中国、印度、日本、新加坡以外的亚太地区。

数据来源：*BP Statistical Review of World Energy* 2022。

表 6-12　分地区石油调入调出量

单位：万吨

指标\地区	原油生产量	调入量	调出量	进口量	出口量	净调入量	净调入比例/%
北　京	0	2078	1489	737	0	589	43.0
天　津	3407	5828	7680	2	0	−1852	−54.4
河　北	545	2553	1755	206	2	798	51.6
山　西	0	673	120	0	0	553	100.0
内蒙古	42	1346	487	83	1	859	87.3
辽　宁	1054	8579	7940	3740	15	639	11.9
吉　林	414	1064	522	0	0	542	56.7
黑龙江	2946	204	4338	2950	1	−4134	−70.1
上　海	51	5932	5319	2256	256	613	19.8
江　苏	151	4298	3917	2793	104	381	11.8
浙　江	0	3328	4463	6421	1576	−1135	−23.4
安　徽	0	1124	202	760	0	922	54.8
福　建	0	771	1377	3049	0	−606	19.9
江　西	0	621	133	541	0	488	47.4
山　东	2211	3677	10563	9742	6	−6886	−57.6
河　南	235	3827	1492	0	0	2335	90.9
湖　北	53	2916	135	204	38	2780	92.7
湖　南	0	3148	373	85	1	2775	97.0
广　东	1745	369	2970	7947	1251	−2601	−30.8
广　西	47	7615	0	47	0	7614	98.8
海　南	37	1586	1804	960	277	−218	−30.2
重　庆	0	1062	100	0	0	962	100.0
四　川	9	3262	615	0	0	2647	99.5
贵　州	0	1470	0	0	0	1470	100.0
云　南	0	1342	817	974	0	525	35.0
陕　西	2553	997	2897	0	0	−1901	−74.5
甘　肃	1029	476	603	0	0	−127	12.4
青　海	234	205	94	0	0	111	32.2
宁　夏	135	—	—	—	—	—	—
新　疆	2990	57	2638	1104	0	−2581	−63.0

注：本表数据为 2021 年数据；负值表示净调出量；净调入量＝调入量−调出量；对于净调入省份，净调入比重＝净调入量/（生产量+净调入量+净进口量）；对于净调出省份，净调出比重＝净调出量/（生产量+净进口量）；净进口量＝进口量+境内轮机境外加油量−出口量−境外轮机境内加油量。

数据来源：国家统计局《中国能源统计年鉴 2022》。

表6-13 原油进出口量及价格

指标 年份	进口量 /万吨	出口量 /万吨	净进口量 /万吨	平均 进口单价 /（美元/桶）	对外依存度 /%
2000	7027	1031	5996	29	26.9
2001	6026	755	5271	26	24.3
2002	6941	766	6175	25	27.0
2003	9102	813	8289	30	32.8
2004	12272	549	11723	38	40.0
2005	12682	807	11875	51	39.6
2006	14517	634	13883	62	42.9
2007	16316	389	15927	67	46.1
2008	17888	424	17464	99	47.9
2009	20365	507	19858	60	51.2
2010	23768	303	23465	78	53.6
2011	25378	251	25127	106	55.3
2012	27103	243	26860	111	56.5
2013	28174	162	28012	106	57.2
2014	30837	60	30777	101	59.3
2015	33548	287	33261	55	60.7
2016	38101	294	37807	41	65.4
2017	41946	486	41460	53	68.4
2018	46189	263	45926	71	70.8
2019	50568	81	50487	65	72.6
2020	54201	164	54037	45	73.5
2021	51292	261	51031	69	72.0
2022	50824	205	50619	98	71.2

注：平均进口单价＝进口额/进口量，每吨按7.33桶折算；原油对外依存度＝原油净进口量/（原油生产量+原油净进口量）。

数据来源： 海关总署网站 http：//www.customs.gov.cn。

表 6-14　分来源国别原油进口数量及金额

指标 国家/地区	进口量 /万吨	进口额 /亿美元	平均 进口单价 /(美元/桶)	数量份额 /%
合　计	50824	3656	98.1	100.0
沙特阿拉伯	8749	650	101.3	17.2
俄罗斯	8625	584	92.3	17.0
伊拉克	5549	391	96.1	10.9
阿联酋	4277	322	102.9	8.4
阿　曼	3937	292	101.0	7.7
科威特	3328	246	100.8	6.5
安哥拉	3009	226	102.3	5.9
巴　西	2493	186	101.9	4.9
刚果共和国	709	52	99.1	1.4
哈萨克斯坦	589	46	107.4	1.2
英　国	223	17	104.7	0.4
加　纳	214	17	108.7	0.4
澳大利亚	184	15	114.5	0.4
赤道几内亚	128	11	112.7	0.3
伊　朗	78	6	98.0	0.2
其他国家	8732	596	93.1	17.2

注：本表数据为 2022 年数据；每吨按 7.33 桶折算。

数据来源：海关总署网站 http：//www.customs.gov.cn。

表6-15　成品油进出口量

单位：万吨

指标 年份	汽 油		煤 油		柴 油	
	进口量	出口量	进口量	出口量	进口量	出口量
2000	0.0	467.7	322.5	256.3	51.9	77.5
2001	0.0	586.0	298.6	246.4	54.7	46.9
2002	0.0	630.4	324.3	240.9	78.7	144.7
2003	0.0	754.2	317.4	275.9	111.6	244.4
2004	0.0	540.7	421.0	331.5	303.9	86.7
2005	0.0	559.7	476.1	447.6	61.0	170.9
2006	6.1	350.5	731.7	584.4	80.7	102.6
2007	22.7	464.3	725.0	637.1	173.7	93.3
2008	198.7	203.4	836.8	706.5	633.1	89.1
2009	4.4	491.9	795.1	826.1	192.5	478.7
2010	0.0	517.0	726.1	870.5	190.2	490.2
2011	2.9	406.0	875.1	966.8	243.3	228.8
2012	0.5	291.7	877.3	1085.9	99.9	205.7
2013	0.0	468.7	945.2	1280.6	35.3	294.4
2014	3.4	507.5	721.0	1455.8	55.0	423.9
2015	17.0	589.3	716.4	1626.6	71.5	731.3
2016	20.8	969.3	776.7	1721.7	116.1	1556.9
2017	1.6	1051.4	852.3	1765.2	107.6	1736.8
2018	44.5	1287.9	942.3	1947.0	89.0	1872.8
2019	33.3	1637.1	930.0	2239.8	144.5	2189.1
2020	48.0	1600.0	514.0	1226.3	137.5	2011.2
2021	35.8	1454.2	376.4	1076.3	95.7	1764.2
2022	—	1257.2	87.0	1090.7	—	1092.0

数据来源：2000—2021年数据来自国家统计局历年《中国能源统计年鉴》；2022年数据来自海关总署网站 http：//www.customs.gov.cn。

第四节 天然气贸易

表6-16 天然气进出口量

单位：亿立方米

指标 年份	进口量	出口量	净进口量	日均 净进口量	对外依存度 /%
2000	—	31.4	—	—	—
2001	—	30.4	—	—	—
2002	—	32	—	—	—
2003	—	18.73	—	—	—
2004	—	24.4	—	—	—
2005	—	29.7	—	—	—
2006	9.5	29	−19.5	−0.05	—
2007	40.2	26	14.2	0.04	2.0
2008	46	32.5	13.5	0.04	1.7
2009	76.3	32.1	44.2	0.12	4.9
2010	164.7	40.3	124.4	0.34	11.5
2011	311.5	31.9	279.6	0.77	21.0
2012	420.6	28.9	391.7	1.07	26.2
2013	525.4	27.5	498.0	1.36	29.2
2014	591.3	26.1	565.2	1.55	30.3
2015	611.4	32.5	578.9	1.59	30.1
2016	745.6	33.8	711.9	1.95	34.2
2017	945.6	35.3	910.3	2.49	38.1
2018	1246.4	33.6	1213.7	3.33	43.1
2019	1331.8	36.1	1296.5	3.55	42.4
2020	1397	51.7	1345.3	3.68	40.3
2021	1673.5	55.2	1618.3	4.43	42.9
2022	1506.5	58.4	1448.1	3.97	39.7

注：从2010年起包括液化天然气数据；对外依存度=净进口量/（生产量+净进口量）；1万吨LNG按0.138亿立方米天然气折算。

数据来源：2000—2021年数据来自国家统计局历年《中国能源统计年鉴》；2022年数据来自海关总署网站 http：//www. customs. gov. cn。

表6-17 天然气进出口量国际比较

单位：亿立方米

管道气

出口国家/地区 进口国家/地区	俄罗斯	卡塔尔	美国	加拿大	印度尼西亚	土库曼斯坦	哈萨克斯坦	进口总量
加拿大	0	0	255	0	0	0	0	255
墨西哥	0	0	587	0	0	0	0	587
美 国	0	0	0	759	0	0	0	759
中 国	**76**	**0**	**0**	**0**	**0**	**59**	**315**	**532**
哈萨克斯坦	3	0	0	0	0	0	0	27
新加坡	0	0	0	0	72	0	0	91
阿拉伯联合酋长国	0	195	0	0	0	0	0	195
俄罗斯	0	0	0	0	0	46	105	151
出口总量	2017	211	843	759	75	106	421	7044

LNG

出口国家/地区 进口国家/地区	卡塔尔	澳大利亚	美国	俄罗斯	马来西亚	尼日利亚	特立尼达和多巴哥	进口总量
日 本	123	363	96	88	139	0	12	1013
中 国	**123**	**436**	**124**	**62**	**117**	**6**	**21**	**1095**
韩 国	161	129	121	39	53	1	9	641
印 度	136	4	56	6	1	4	20	336
法 国	7	0	43	47	0	0	35	181
西班牙	24	1	58	33	0	11	43	208
英 国	60	0	40	30	0	2	1	149
意大利	65	0	10	0	0	2	3	95
土耳其	3	0	45	0	0	2	15	139
出口总量	107	1081	950	396	335	91	233	5162

注：本表数据为2021年数据。

数据来源：*BP Statistical Review of World Energy* 2022。

表 6-18　分地区天然气调入调出量

单位：亿立方米

指标 地区	生产量	调入量	调出量	进口量	出口量	净调入量	净调入比例/%
北　京	4	190.0	4.3	0	0	185.7	97.7
天　津	39	102.6	18.2	0	0	84.4	68.4
河　北	5	107.3	0.0	57	0	107.3	63.2
山　西	123	26.0	32.6	0	0	-6.6	-5.4
内蒙古	290	67.7	243.2	0	0	-175.5	-60.6
辽　宁	8	73.4	0.0	0	0	73.4	90.3
吉　林	21	16.8	0.0	0	0	16.8	44.0
黑龙江	51	0.0	0.0	0	0	0.0	0.0
上　海	17	39.2	12.8	54	0	26.5	27.1
江　苏	1	295.4	0.4	0	0	295.0	99.7
浙　江	0	170.5	0.0	0	0	170.5	100.0
安　徽	2	57.9	0.0	0	0	57.9	96.1
福　建	0	60.0	0.0	0	0	60.0	100.0
江　西	0	35.3	0.0	0	0	35.3	100.0
山　东	6	222.5	0.0	0	0	222.5	97.3
河　南	3	111.5	0.0	0	0	111.5	97.4
湖　北	1	75.2	0.0	0	0	75.2	98.3
湖　南	0	41.1	0.0	0	0	41.1	99.9
广　东	132	153.0	0.0	0	0	153.0	53.6
广　西	0	41.0	0.0	0	0	41.0	99.5
海　南	8	72.4	6.8	0	26	65.6	136.3
重　庆	87	0.0	0.9	0	0	-0.9	-1.0
四　川	522	0.0	228.9	0	0	-228.9	-43.8
贵　州	5	42.6	0.0	0	0	42.6	89.1
云　南	0	0.5	0.0	22	0	0.5	2.2
西　藏	0	0.0	0.0	0	0	0.0	0.0
陕　西	294	0.0	130.4	0	0	-130.4	-44.3
甘　肃	4	35.4	0.0	0	0	35.4	89.4
青　海	62	0.0	9.2	0	0	-9.2	-14.8
宁　夏	0	43.5	0.0	0	0	43.5	99.5
新　疆	388	0.0	578.1	319	0	-578.1	-81.8

注：本表数据为 2021 年数据；1 万吨 LNG 折合 0.138 亿立方米天然气；
负值表示净调出；对于净调入省份，净调入比重 = 净调入量/（产量+净调入量+净进口量）；对于净调出省份，净调出比重 = 净调出量/（生产量+净进口量）；净进口量 = 进口量-出口量。

数据来源：国家统计局《中国能源统计年鉴 2022》。

表 6-19　分来源国别天然气进口数量

指标 国家/地区	进口量 /亿立方米	日均进口量 /(亿立方米/日)	数量份额 /%
总　　计	1627.0	4.46	100.0
澳大利亚	436.0	1.19	27.4
土库曼斯坦	315.5	0.86	19.8
俄罗斯	137.8	0.38	8.7
美　　国	124.5	0.34	7.8
卡塔尔	123.4	0.34	7.7
马来西亚	117.4	0.32	7.4
印度尼西亚	66.2	0.18	4.2
哈萨克斯坦	59.2	0.16	3.7
巴布亚新几内亚	44.6	0.12	2.8
乌兹别克斯坦	42.8	0.12	2.7
缅　　甸	39.1	0.11	2.5
阿　　曼	22.0	0.06	1.4
尼日利亚	20.9	0.06	1.3
埃　　及	17.4	0.05	1.1
文　　莱	8.5	0.02	0.5
特立尼达和多巴哥	6.1	0.02	0.4
其他亚太区	5.9	0.02	0.4
阿尔及利亚	3.3	0.01	0.2
秘　　鲁	1.9	0.01	0.1

注： 本表数据为 2021 年数据；1 万吨天然气折合 0.138 亿立方米天然气。

数据来源： *BP Statistical Review of World Energy* 2022。

表 6-20　分来源国别管道天然气进口数量

指标 国家/地区	进口量 /亿立方米	日均进口量 /(亿立方米/日)	数量份额 /%
总　　计	532.4	1.46	100.0
土库曼斯坦	315.5	0.86	59.3
俄罗斯	75.8	0.21	14.2
哈萨克斯坦	59.2	0.16	11.1
乌兹别克斯坦	42.8	0.12	8.0
缅　　甸	39.1	0.11	7.3

注： 本表数据为 2021 年数据；1 万吨天然气折合 0.138 亿立方米天然气。

数据来源： *BP Statistical Review of World Energy* 2022。

表6-21　分来源国别液化天然气进口数量及金额

指标\国家/地区	进口量		进口额	平均进口单价		数量份额/%
	万吨	亿立方米	亿美元	美元/吨	美元/立方米	
总　计	7879	1087.29	440.75	559	0.41	100
澳大利亚	3110	429.21	163.01	524	0.38	39.5
卡塔尔	898	123.89	48.74	543	0.39	11.4
马来西亚	898	123.87	62.15	692	0.50	11.4
俄罗斯	823	113.62	40.71	494	0.36	10.4
印度尼西亚	511	70.48	27.58	540	0.39	6.5
巴布亚新几内亚	452	62.35	27.63	612	0.44	5.7
美　国	316	43.65	17.11	541	0.39	4.0
阿　曼	162	22.39	8.87	547	0.40	2.1
尼日利亚	152	21.00	9.55	628	0.46	1.9
特立尼达和多巴哥	131	18.11	6.59	503	0.36	1.7
埃　及	71	9.77	5.96	842	0.61	0.9
文　莱	63	8.71	2.85	452	0.33	0.8
赤道几内亚	54	7.43	5.94	1103	0.80	0.7
秘　鲁	46	6.36	2.51	544	0.39	0.6
法　国	43	5.92	3.22	752	0.54	0.5
阿联酋	20	2.73	0.80	401	0.29	0.3
新加坡	14	1.91	1.52	1102	0.80	0.2
喀麦隆	7	0.93	0.33	489	0.35	0.1

注：本表数据为2021年数据；1万吨天然气折合0.138亿立方米天然气。

数据来源：海关总署网站 http://www.customs.gov.cn。

第五节 电力贸易

表6-22 电力进出口量

指标 年份	进口量 /亿千瓦时	日均 进口量 /(亿千瓦 时/日)	出口量 /亿千瓦时	日均 出口量 /(亿千瓦 时/日)	净出口量 /亿千瓦时	日均净 出口量 /(亿千瓦 时/日)
2000	15.5	0.04	98.8	0.27	83.3	0.23
2001	18.0	0.05	101.9	0.28	83.9	0.23
2002	23.0	0.06	97.0	0.27	74.0	0.20
2003	29.8	0.08	103.4	0.28	73.6	0.20
2004	34.0	0.09	94.8	0.26	60.8	0.17
2005	50.1	0.14	111.9	0.31	61.8	0.17
2006	53.9	0.15	122.7	0.34	68.8	0.19
2007	42.5	0.12	145.7	0.40	103.2	0.28
2008	38.4	0.10	166.4	0.45	128.0	0.35
2009	60.1	0.16	173.9	0.48	113.8	0.31
2010	55.5	0.15	190.6	0.52	135.1	0.37
2011	65.6	0.18	193.1	0.53	127.5	0.35
2012	68.7	0.19	176.5	0.48	107.8	0.29
2013	74.4	0.20	186.7	0.51	112.3	0.31
2014	67.5	0.18	181.6	0.50	114.1	0.31
2015	62.1	0.17	186.5	0.51	124.4	0.34
2016	61.9	0.17	189.1	0.52	127.2	0.35
2017	64.2	0.18	194.7	0.53	130.5	0.36
2018	56.9	0.16	209.1	0.57	152.2	0.42
2019	48.6	0.13	216.5	0.59	167.9	0.46
2020	47.5	0.13	217.9	0.60	170.4	0.47
2021	59.4	0.16	201.8	0.55	142.4	0.39
2022	71.4	0.20	200.9	0.55	129.5	0.35

数据来源：2000—2021年数据来自国家统计局历年《中国能源统计年鉴》；2022年数据来自海关总署网站 http://www.customs.gov.cn。

表 6-23 电力进出口量国际比较

指标 国家/ 地区	进口量 /亿千瓦时	日均 进口量 /(亿千瓦 时/日)	出口量 /亿千瓦时	日均 出口量 /(亿千瓦 时/日)	净进口量 /亿千瓦时	日均净 进口量 /(亿千瓦 时/日)
OECD	524374	1436.64	514162	1408.66	10212	27.98
美　国	772	2.12	857	2.35	−85	−0.23
意大利	466	1.28	38	0.10	428	1.17
德　国	531	1.46	702	1.92	−171	−0.47
西班牙	174	0.48	165	0.45	9	0.02
荷　兰	209	0.57	206	0.57	3	0.01
芬　兰	240	0.66	67	0.18	173	0.47
法　国	245	0.67	694	1.90	−448	−1.23
英　国	287	0.79	42	0.11	246	0.67
捷　克	152	0.42	262	0.72	−111	−0.30
比利时	152	0.42	231	0.63	−79	−0.22
瑞　典	83	0.23	339	0.93	−256	−0.70
加拿大	130	0.36	606	1.66	−476	−1.30
中　国	**59**	**0.16**	**202**	**0.55**	**−142**	**−0.39**
匈牙利	200	0.55	72	0.20	128	0.35
希　腊	76	0.21	39	0.11	37	0.10
丹　麦	201	0.55	153	0.42	49	0.13
爱沙尼亚	73	0.20	47	0.13	26	0.07
墨西哥	84	0.23	60	0.17	24	0.07
哥伦比亚	5	0.01	4	0.01	1	0.00
拉脱维亚	47	0.13	29	0.08	18	0.05
挪　威	82	0.23	258	0.71	−176	−0.48

注：本表数据为 2021 年数据；负值表示净出口。

数据来源：中国数据来自海关总署网站 http://www.customs.gov.cn；其余地区数据来自 IEA，Monthly：Electricity（2022 edition）。

表6-24 分地区电力调入调出量

单位：亿千瓦时

地区＼指标	发电量	调入量	调出量	进口量	出口量	净调入量	净调入比例/%
北 京	473	765	3	0	0	762	61.7
天 津	800	227	1	0	0	226	22.0
河 北	3513	1220	174	0	0	1046	22.9
山 西	3926	297	1532	0	0	-1235	-31.4
内蒙古	6120	415	2453	0	14	-2039	-33.4
辽 宁	2258	639	223	0	0	416	15.6
吉 林	1026	127	310	0	0	-183	-17.8
黑龙江	1201	105	200	39	0	-95	-7.7
上 海	1003	834	91	0	0	743	42.6
江 苏	5969	1322	190	0	0	1132	15.9
浙 江	4222	1461	170	0	0	1292	23.4
安 徽	3083	537	905	0	0	-368	-11.9
福 建	2951	6	101	0	0	-95	-3.2
江 西	1563	299	0	0	0	299	16.1
山 东	6210	1197	10	0	0	1187	16.1
河 南	3039	784	67	0	0	716	19.1
湖 北	3292	123	944	0	0	-821	-24.9
湖 南	1742	531	118	0	0	413	19.2
广 东	6306	1741	181	0	0	1560	19.8
广 西	2082	322	95	0	0	227	9.8
海 南	391	15	1	0	0	14	3.5
重 庆	991	445	96	0	0	349	26.1
四 川	4530	172	1416	0	0	-1244	-27.5
贵 州	2368	0	626	0	0	-626	-26.4
云 南	3770	215	1849	8	28	-1633	-43.6
陕 西	2740	235	740	0	0	-505	-18.4
甘 肃	1897	355	793	0	0	-438	-23.1
青 海	996	165	297	0	0	-132	-13.2
宁 夏	2083	214	1047	0	0	-833	-40.0
新 疆	4684	8	1159	0	0	-1151	-24.6

注：本表数据为2021年数据；净调入量=调入量-调出量，负值表示净调出量及净调出比重；对于净调入省份，净调入比重=净调入量/(产量+净调入量+净进口量)；对于净调出省份，净调出比重=净调出量/(生产量+净进口量)。

数据来源：国家统计局《中国能源统计年鉴2022》。

第七章　能源价格

第一节 煤 炭 价 格

表 7-1 中价·新华焦煤价格指数

单位：点

时间（年-月-日）	综合指数	长协指数	现货指数	竞价指数
2021-01-26	1027	1017	1042	1030
2021-02-23	1047	1028	1081	1042
2021-03-30	1045	1028	1077	1030
2021-04-27	1048	1037	1067	1032
2021-05-25	1080	1038	1154	1130
2021-06-29	1103	1045	1206	1193
2021-07-27	1212	1153	1310	1328
2021-08-31	1263	1155	1463	1453
2021-09-28	1403	1199	1825	1726
2021-10-26	1825	1590	2312	—
2021-11-30	1768	1572	2179	1921
2021-12-28	1638	1556	1811	1678
2022-01-25	1650	1553	1845	1728
2022-02-22	1656	1554	1865	1724
2022-03-29	1714	1554	2026	1866
2022-04-26	1993	1838	2287	2174
2022-05-31	2000	1838	2313	2163
2022-06-28	1951	1836	2167	2107
2022-07-26	1935	1843	2120	2005
2022-08-30	1820	1805	1869	1813
2022-09-27	1825	1805	1881	1827
2022-10-25	1830	1792	1912	1871
2022-11-29	1823	1792	1897	1849
2022-12-27	1847	1792	1956	1907
2023-01-31	1854	1793	1976	1902
2023-02-28	1832	1793	1917	1866
2023-03-28	1831	1793	1915	1863
2023-04-25	1757	1770	1760	1735

数据来源：国家发展和改革委网站 https：//www.ndrc.gov.cn/。

表 7-2 CCTD 秦皇岛动力煤价格

单位：元/吨

指标 时间（年-月-日）	综合交易价			现货交易价			年度长协价		
	4500 K	5000 K	5500 K	4500 K	5000 K	5500 K	4500 K	5000 K	5500 K
2022-01-28	649	729	797	820	955	1001	593	820	725
2022-02-25	635	715	786	702	818	900	593	659	725
2022-03-25	635	715	786	702	818	900	589	655	720
2022-04-29	635	715	786	702	818	900	589	655	720
2022-05-27	635	715	786	702	818	900	588	654	719
2022-06-24	635	715	786	702	818	900	588	654	719
2022-07-29	635	715	786	702	818	900	588	654	719
2022-08-26	635	715	786	702	818	900	588	654	719
2022-09-30	635	715	786	702	818	900	588	654	719
2022-10-28	659	733	806	—	—	—	588	654	719
2022-11-25	666	740	813	—	—	—	596	662	728
2022-12-30	664	737	813	—	—	—	596	662	728
2023-01-20	666	740	813	—	—	—	596	662	728
2023-02-24	645	717	802	—	—	—	595	661	727
2023-03-31	641	712	798	—	—	—	592	658	724
2023-04-21	635	705	783	—	—	—	592	657	723

数据来源：中国煤炭市场网。

表 7-3 煤炭国际价格

单位：美元/吨

年份 \ 指标	西北欧标杆价格	美国中部阿巴拉契煤炭现货价格指数	日本炼焦煤进口到岸价	日本动力煤进口到岸价	亚洲标杆价格
2000	35.99	29.90	39.69	34.58	31.76
2001	39.03	50.15	41.33	37.96	36.89
2002	31.65	33.20	42.01	36.90	30.41
2003	43.60	38.52	41.57	34.74	36.53
2004	72.13	64.90	60.96	51.34	72.42
2005	60.54	70.12	89.33	62.91	61.84
2006	64.11	57.82	93.46	63.04	56.47
2007	88.79	49.73	88.24	69.86	84.57
2008	147.67	117.42	179.03	122.81	148.06
2009	70.39	60.73	167.82	110.11	78.81
2010	92.50	67.87	158.95	105.19	105.43
2011	121.48	84.75	229.12	136.21	125.74
2012	92.50	67.28	191.46	133.61	105.50
2013	81.69	69.72	140.45	111.16	90.90
2014	75.38	67.08	114.41	97.65	77.89
2015	56.79	51.57	93.85	79.47	63.52
2016	60.09	51.45	89.40	72.97	71.12
2017	84.51	63.83	150.00	99.16	99.58
2018	91.83	72.84	158.49	117.39	111.69
2019	60.86	57.16	148.52	108.58	88.98
2020	50.16	42.77	108.41	80.50	71.33
2021	121.70	68.54	134.86	130.37	145.16

数据来源：*BP Statistical Review of World Energy* 2022。

第二节 石油价格

表 7-4 原油离岸价格国际比较

单位：美元/桶

时间（年-月）	WTI 现货	WTI 期货	Brent 现货	Brent 期货
2022-01	83.22	82.98	86.51	—
2022-02	91.64	91.63	97.13	93.50
2022-03	108.50	108.26	117.25	111.21
2022-04	101.78	101.64	104.58	105.80
2022-05	109.55	109.26	113.34	111.10
2022-06	114.84	114.34	122.71	116.40
2022-07	101.62	99.39	111.93	103.70
2022-08	93.67	91.48	100.45	—
2022-09	84.26	83.80	89.76	—
2022-10	87.55	87.03	93.33	93.30
2022-11	84.37	84.39	91.42	90.80
2022-12	76.44	76.52	80.92	81.70
2023-01	78.12	78.16	82.50	84.00
2023-02	76.83	76.86	82.59	83.40
2023-03	73.28	73.37	78.43	79.00
2023-04	79.45	79.44	84.64	—

数据来源：WTI 现货、Brent 现货、WTI 期货数据来自 EIA 网站；Brent 期货数据来自国家发展和改革委网站 https://www.ndrc.gov.cn/。

表7-5 全国成品油批发价格

单位：元/吨

执行时间（年-月-日）	92号汽油	95号汽油	柴油
2022-01-14	8083	8185	7324
2022-01-28	8417	8545	7430
2022-02-11	9347	9467	7688
2022-02-25	9510	9689	7839
2022-03-11	10238	10496	8643
2022-03-25	10027	10098	8796
2022-04-15	8939	9006	8371
2022-04-29	9064	9185	8488
2022-05-13	9026	9116	8563
2022-05-27	8964	9098	8543
2022-06-10	9478	9620	8768
2022-06-24	9527	9646	8608
2022-07-15	9143	9275	8249
2022-07-29	8735	8866	7913
2022-08-12	8853	9005	8210
2022-08-26	9151	9312	8544
2022-09-16	9294	9480	8941
2022-09-30	8875	9028	8790
2022-10-14	8915	9039	8819
2022-10-28	8722	8849	8957
2022-11-11	8726	8841	9106
2022-11-25	8529	8663	8918
2022-12-02	8306	8421	8610
2022-12-30	7832	7947	7548
2023-01-06	8012	8147	7519
2023-01-20	8767	8930	7706
2023-02-10	8955	9087	8054
2023-02-17	8808	8929	7908
2023-03-10	8804	8935	7898
2023-03-31	8533	8669	7579
2023-04-14	8834	8978	7771
2023-04-28	8900	9034	7825

数据来源：国家发展和改革委价格监测中心 http：//www. jgjcndrc. org. cn/。

表7-6 汽、柴油零售价格

单位：元/升

地 区	89 号汽油	92 号汽油	95 号汽油	0 号柴油
北 京	7.26	7.75	8.25	7.46
上 海	7.20	7.71	8.21	7.39
天 津	7.18	7.74	8.18	7.42
重 庆	7.39	7.81	8.26	7.48
安 徽	7.22	7.71	8.25	7.45
甘 肃	7.16	7.75	8.27	7.32
广 东	7.21	7.77	8.42	7.42
广 西	7.27	7.81	8.44	7.47
贵 州	7.44	7.88	8.33	7.52
海 南	8.18	8.86	9.42	7.50
河 北	7.18	7.74	8.18	7.42
河 南	—	7.76	8.29	7.40
湖 北	—	7.76	8.31	7.40
湖 南	7.22	7.70	8.19	7.48
江 苏	7.24	7.72	8.21	7.37
江 西	7.17	7.71	8.28	7.46
宁 夏	7.22	7.65	8.09	7.3
青 海	7.24	7.71	8.26	7.34
山 东	7.17	7.72	8.28	7.33
四 川	7.28	7.85	8.39	7.46
云 南	7.27	7.90	8.48	7.49
浙 江	7.16	7.72	8.21	7.40

注： 本表价格开始执行时间为 2023 年 4 月 28 日 24 时，即最新一次调整；其中，贵州、青海、四川、云南为一价区价格。

数据来源： 各省市发展和改革委网站。

表 7-7　成品油零售价格国际比较

单位：美元/升

国　家	汽油	柴油	取暖用油
意大利	1.99	1.93	1.66
法　国	2.04	1.95	1.38
英　国	1.78	2.02	0.97
德　国	1.95	1.85	1.18
西班牙	1.75	1.69	1.14
日　本	1.25	1.11	0.83
加拿大	1.12	1.24	1.20
美　国	0.90	1.11	—

注：本表数据为 2023 年 3 月数据；法国、德国、意大利、西班牙、英国汽油价格为优质无铅汽油价格（95 RON）；日本、加拿大、美国汽油价格为普通无铅汽油价格；柴油价格为非商业使用车用柴油价格；日本国内取暖用油价格为煤油价格。

数据来源：IEA，*Monthly Oil Price Statistics*。

第三节 天然气价格

表7-8 国产陆上天然气出厂基准价格

单位：元/千立方米

油气田	用户分类	现行基准价			调后基准价
川渝气田	化肥	690			920
	直供工业	1275			1505
	城市燃气（工业）	1320			1550
	城市燃气（除工业）	920			1150
长庆气田	化肥	710			940
	直供工业	1125			1355
	城市燃气（工业）	1170			1400
	城市燃气（除工业）	770			1000
青海气田	化肥	660			890
	直供工业	1060			1290
	城市燃气（工业）	1060			1290
	城市燃气（除工业）	660			890
新疆各气田	化肥	560			790
	直供工业	985			1215
	城市燃气（工业）	960			1190
	城市燃气（除工业）	560			790
		一档气	二档气	平均	
大港、辽河、中原	化肥	660	980	710	940
	直供工业	1320	1380	1340	1570
	城市燃气（工业）	1230	1380	1340	1570
	城市燃气（除工业）	830	980	940	1170

油气田	用户分类	现行基准价	调后基准价
其他油田	化肥	980	1210
	直供工业	1380	1610
	城市燃气（工业）	1380	1610
	城市燃气（除工业）	980	1210
西气东输	化肥	560	790
	直供工业	960	1190
	城市燃气（工业）	960	1190
	城市燃气（除工业）	560	790
忠武线	化肥	911	1141
	直供工业	1311	1541
	城市燃气（工业）	1311	1541
	城市燃气（除工业）	911	1141
陕京线	化肥	830	1060
	直供工业	1230	1460
	城市燃气（工业）	1230	1460
	城市燃气（除工业）	830	1060
川气东送	用户分类	1280	1510

注：供需双方可以基准价格为基础，在上浮10%、下浮不限的范围内协商确定具体价格；上述出厂（或首站）价格政策自 2010 年 6 月 1 日起执行。

数据来源：国家发展和改革委网站 https：//www.ndrc.gov.cn/。

表7-9　各省（自治区、直辖市）天然气基准门站价格

单位：元/千立方米

地　区	基准门站价格	地　区	基准门站价格
北　京	1860	湖　北	1820
天　津	1860	湖　南	1820
河　北	1840	广　东	2040
山　西	1720	广　西	1870
内蒙古	1220	海　南	1520
辽　宁	1840	重　庆	1520
吉　林	1640	四　川	1530
黑龙江	1640	贵　州	1590
上　海	2040	云　南	1590
江　苏	2020	陕　西	1220
浙　江	2030	甘　肃	1310
安　徽	1950	宁　夏	1390
江　西	1820	青　海	1150
山　东	1840	新　疆	1030
河　南	1870		

注：本表价格含增值税；山东交气点为山东省界；表内价格自2019年4月1日起实施。

数据来源：国家发展和改革委网站 https：//www.ndrc.gov.cn/。

表 7-10　民用天然气价格

单位：元/立方米

时间（年-月） 地区		2017-07	2017-11	2018-07	2018-11	2019-11	2020-11	2021-11	2022-11
北　京	0~350立方米（含）	2.28	—	2.63	2.63	2.61	2.61	2.61	2.61
	350~500立方米（含）	2.5		2.85	2.85	2.83	2.83	2.83	2.83
	500立方米以上	3.9		4.25	4.25	4.23	4.23	4.23	4.23
天　津	0~300立方米（含）	2.4	—	—	2.40	2.61	2.50	2.50	2.50
	300~600立方米	2.88			3.16	3.14	3.00	3.00	3.00

续表

时间(年-月)\地区	2017-07	2017-11	2018-07	2018-11	2019-11	2020-11	2021-11	2022-11
天 津	600立方米以上 3.6	—	—	3.95	3.93	3.75	3.75	3.75
石家庄	2.4	0~240立方米(含) 2.4	—	—	2.68	2.68	2.78	2.78
		240~480立方米(含) 2.88			2.88	2.88	2.98	2.98
		480立方米以上 2.9			3.30	3.30	3.40	3.40
太 原	—	—	—	0~26立方米(含) 2.26	2.61	2.61	2.70	2.70

时间(年-月)\地区	2017-07	2017-11	2018-07	2018-11	2019-11	2020-11	2021-11	2022-11
太 原	—	—	—	26~38立方米(含) 2.71	3.06	3.06	3.15	3.15
				38立方米以上 3.39	3.74	3.74	3.83	3.83
呼和浩特				—	—	2.12	2.12	2.12
						2.54	2.54	2.54
沈 阳						3.18	3.18	3.18
	0~280立方米 3.16 (含)	0~280立方米 3.16 (含)	0~280立方米 3.16 (含)	0~280立方米 3.16 (含)	0~280立方米 3.16 (含)	0~280立方米 3.16 (含)	0~280立方米 3.16 (含)	0~280立方米 3.16 (含)

时间(年-月) 地区	分档	2017-07	2017-11	2018-07	2018-11	2019-11	2020-11	2021-11	2022-11
沈 阳	280~360立方米(含)	3.63	3.63	3.63	3.63	3.63	3.63	3.63	3.63
	360立方米以上	4.74	4.74	4.74	4.74	4.74	4.74	4.74	4.74
长 春		—	—	—	—	2.94	2.94	2.94	2.94
哈尔滨	0~288立方米(含)	—	—	—	2.8	2.94	2.94	2.94	2.94
	288~360立方米(含)	—	—	—	3.36	3.53	3.53	3.53	3.53
	360立方米以上	—	—	—	4.2	4.41	4.41	4.41	4.41

续表

地区 \ 时间(年-月)	2017-07	2017-11	2018-07	2018-11	2019-11	2020-11	2021-11	2022-11
上海 0~310立方米(含)	3.0	3	3	3	3	3	3	3
上海 310~520立方米(含)	3.3	3.3	3.3	3.3	3.3	3.3	3.3	3.3
上海 520立方米以上	4.2	4.2	4.2	4.2	4.2	4.2	4.2	4.2
南京 0~300立方米(含)	3.22	—	—	2.5	2.73	2.73	2.73	2.73
南京 300~600立方米(含)				3.0	3.28	3.28	3.28	3.28

时间（年-月）地区	2017-07	2017-11	2018-07	2018-11	2019-11	2020-11	2021-11	2022-11
南 京	3.22	—	—	600立方米以上 3.5	3.82	3.82	3.82	3.82
合 肥	—	—	—	0~360立方米（含） 2.4	2.72	2.72	2.72	2.72
				360~1680立方米（含） 2.64	2.96	2.96	2.96	2.96
				1680立方米以上 3.6	3.92	3.92	3.92	3.92
福 州	0~192立方米（含） 3.18	3.18	—	3.5	3.41	—	—	—

続表

时间（年-月） 地区		2017-07	2017-11	2018-07	2018-11	2019-11	2020-11	2021-11	2022-11
福州	193~300立方米（含）	3.82	3.82	—	4.2	4.16	—	—	—
	300立方米以上	4.77	4.77		5.25	5.21	—	—	—
济南	0~216立方米（含）	3.0	3.0	3.0	3.3	3.3	3.3	3.3	3.3
	216~360立方米（含）	3.6	3.6	3.6	3.9	3.9	3.9	3.9	3.9
	360立方米以上	4.5	4.5	4.5	4.8	4.8	4.8	4.8	4.8

时间（年-月）地区		2017-07	2017-11	2018-07	2018-11	2019-11	2020-11	2021-11	2022-11
郑州	月用气量≤50立方米	2.25	2.25	2.25	2.56	2.58	2.58	2.58	2.58
	月用气量>50立方米	2.93	2.93	2.93	3.33	3.35	3.35	3.35	3.35
武汉	0~360立方米（含）	2.53	2.53	2.53	2.53	2.53	2.53	2.53	2.53
	360~600立方米（含）	2.78	2.78	2.78	2.78	2.78	2.78	2.78	2.78
	600立方米以上	3.54	3.54	3.54	3.54	3.54	3.54	3.54	3.54

时间（年-月）\地区		2017-07	2017-11	2018-07	2018-11	2019-11	2020-11	2021-11	2022-11
长沙	0~90立方米（含）	—	—	2.68	3.68	3.68	3.68	3.68	3.68
	90~360立方米（含）			3.18	3.18	3.18	3.18	3.18	3.18
	360立方米以上			3.98	3.98	3.98	3.98	3.98	3.98
广州	0~320立方米（含）	3.45	3.45	—	—	3.45	3.45	3.45	3.45
	320~400立方米（含）	4.14	4.14			4.14	4.14	4.14	4.14

时间(年-月) / 地区	2017-07	2017-11	2018-07	2018-11	2019-11	2020-11	2021-11	2022-11
广 州	400立方米以上 5.18	5.18	—	—	5.18	5.18	5.18	5.18
桂 林	3.8	—	0~360立方米(含) 3.14	3.3	3.11	2.91	2.91	2.91
			360~600立方米(含) 3.77	3.96	3.69	3.46	3.46	3.46
			600立方米以上 4.71	4.95	4.57	4.3	4.3	4.3
海 口	0~277立方米(含) —	3.15	—	—	2.9	2.9	2.9	2.9

续表

时间(年—月) 地区		2017-07	2017-11	2018-07	2018-11	2019-11	2020-11	2021-11	2022-11
海口	278~421立方米(含)	—	3.78	—	—	3.19	3.19	3.19	3.19
	421立方米以上	—	3.96			3.45	3.45	3.45	3.45
重庆	0~500立方米(含)	1.72	1.72	—	—	1.97	2.13	2.13	2.13
	500~660立方米(含)	1.89	1.89			2.14	2.3	2.3	2.3
	660立方米以上	2.24	2.24			2.49	2.65	2.65	2.65

时间(年-月) 地区		2017-07	2017-11	2018-07	2018-11	2019-11	2020-11	2021-11	2022-11
成 都	0~500立方米(含)	—	1.89		2.02	2.02	2.02	2.02	2.02
	500~660立方米(含)	—	2.27	—	2.43	2.43	2.43	2.43	2.43
	660立方米以上	—	2.84		3.04	3.04	3.04	3.04	3.04
贵 阳		—	—	—	—	—	0~480立方米(含) 2.21	0~480立方米(含) 2.21	0~480立方米(含) 2.21
							480~660立方米(含) 2.96	480~660立方米(含) 2.96	480~660立方米(含) 2.96

时间(年-月) 地区	2017-07	2017-11	2018-07	2018-11	2019-11	2020-11	2021-11	2022-11
贵阳	—	—	—	—	—	660立方米以上 3.7	660立方米以上 3.7	660立方米以上 3.7
贵阳				0~360立方米(含) 2.95	2.95	2.95	2.95	2.95
昆明				360~540立方米(含) 3.54	3.54	3.54	3.54	3.54
昆明				540立方米以上 4.43	4.43	4.43	4.43	4.43
西安			—	—	0~480立方米(含) 2.05	2.05	2.05	2.05

时间(年—月) / 地区	2017-07	2017-11	2018-07	2018-11	2019-11	2020-11	2021-11	2022-11
西安	—	—	—	—	480~660立方米(含) 2.46；660立方米以上 3.08	2.46；3.08	2.46；3.08	2.46；3.08
兰州	1.7	—	—	—	1.98	0~500立方米(含) 1.69；500~660立方米(含) 2.03；660立方米以上 2.54	0~500立方米(含) 1.69；500~660立方米(含) 2.03；660立方米以上 2.54	0~500立方米(含) 1.69；500~660立方米(含) 2.03；660立方米以上 2.54

续表

时间(年-月) 地区	2017-07	2017-11	2018-07	2018-11	2019-11	2020-11	2021-11	2022-11
西　宁	1.48	—	—	1.61	1.55	1.46	1.46	1.46
银　川	1.63	—	0~336 立方米 (含) 1.81	—	2.3	2.23	2.23	2.23
			336~ 480 立方米 (含) 2.14					
			480 立方米 以上 2.63					
乌鲁木齐	—	—	—	—	1.37	1.37	1.37	1.37

注：本表数据为采暖季实行的天然气价格。

数据来源：各市发展和改革委、物价局网站及当地能源公司，表中时间表示价格的执行时间。

表 7-11 天然气进口价格

指标 年份	管道天然气		LNG		
	美元/立方米	美元/MBTU	美元/吨	美元/立方米	美元/MBTU
2009	—	—	232.69	0.17	4.47
2010	0.28	7.71	323.39	0.23	6.22
2011	0.33	9.03	471.98	0.34	9.08
2012	0.39	10.91	560.36	0.41	10.78
2013	0.36	9.90	589.82	0.43	11.34
2014	0.37	9.90	616.35	0.45	12.10
2015	0.28	7.63	450.58	0.33	8.85
2016	0.19	5.25	343.01	0.25	6.74
2017	0.20	5.45	386.84	0.28	7.52
2018	0.23	6.25	499.04	0.36	9.80
2019	0.26	6.99	475.70	0.34	9.34
2020	0.21	5.66	348.21	0.25	6.83
2021	0.20	5.33	383.09	0.28	7.52
2022	0.28	7.57	822.68	0.59	16.16

注：进口价格=进口额/进口量；1 吨 LNG 折合 0.138 亿立方米天然气；1MBTU 天然气折合 27.1 立方米天然气；0.7174kg 管道（气态）天然气折合 1 立方米天然气。

数据来源：海关总署网站 http：//www. customs. gov. cn/。

表7-12 天然气价格国际比较

单位：美元/MBTU

指标 / 年份	天然气				LNG
	德国	英国	美国	加拿大	日本
	平均进口到岸价	全国名义平均点数	亨利中心	阿尔伯塔	到岸价
2000	2.91	2.71	4.23	3.75	4.72
2001	3.67	3.17	4.07	3.61	4.64
2002	3.21	2.37	3.33	2.57	4.27
2003	4.06	3.33	5.63	4.83	4.77
2004	4.30	4.46	5.85	5.03	5.18
2005	5.83	7.38	8.79	7.25	6.05
2006	7.87	7.87	6.76	5.83	7.13
2007	7.99	6.01	6.95	6.17	7.73
2008	11.60	10.79	8.85	7.99	12.55
2009	8.53	4.85	3.89	3.38	9.06
2010	8.03	6.56	4.39	3.69	10.93
2011	10.49	9.04	4.01	3.47	14.77
2012	10.93	9.46	2.76	2.27	16.75
2013	10.73	10.64	3.71	2.93	16.17
2014	9.11	8.25	4.35	3.87	16.33
2015	6.72	6.53	2.60	2.01	10.27
2016	4.93	4.69	2.46	1.55	6.93
2017	5.62	5.80	2.96	1.58	8.10
2018	6.64	8.06	3.12	1.18	10.07
2019	5.03	4.47	2.51	1.27	9.94
2020	4.06	3.42	1.99	1.58	7.78
2021	8.94	15.80	3.84	2.75	10.07

注：到岸价=成本+保险+运费。

数据来源：*BP Statistical Review of World Energy* 2022。

第四节 电力价格

表 7-13 跨省、跨区域电网送电价格调整情况

项　目	原执行价格/(元/千千瓦时)	现执行价格/(元/千千瓦时)	线损率/%	降价额度/(千瓦/年)	送电省分享降价额度/(千瓦/年)	受电省分享降价额度/(千瓦/年)
龙政线	74.0	67.5	7.50	6.50	3.25	3.25
葛南线	60.0	55.8	7.50	4.23	2.12	2.12
林枫直流	47.1	43.9	7.50	3.23	1.61	1.61
宜华线	74.0	68.5	7.50	5.49	2.75	2.75
江城直流	41.7	38.5	7.65	3.20	1.60	1.60
三峡送华中	48.3	45.1	0.70	3.19	1.60	1.60
阳城送出	22.1	20.7	3.00	1.44	0.00	1.44
锦界送出	19.2	18.1	2.50	1.14	0.00	1.14
府谷送出	15.4	14.5	2.50	0.93	0.00	0.93
中俄直流	37.1	37.1	1.30	0.00	0.00	0.00
呼辽直流	45.9	42.0	4.12	3.92	1.96	1.96
青藏直流	60.0	60.0	13.70	0.00	0.00	0.00
锦苏直流	55.0	51.1	7.00	3.93	1.97	1.97
向上工程	62.0	57.1	7.00	4.88	2.44	2.44
宾金工程	49.5	45.4	6.50	4.06	2.03	2.03
灵宝直流	42.6	40.3	1.00	2.25	1.13	1.13
德宝直流	35.8	33.6	3.00	2.23	1.12	1.12
高岭直流	25.0	23.5	1.70	1.53	0.76	0.76
辛洹线	40.0	40.0	0.00	0.00	0.00	0.00
晋南荆工程	33.2	25.1	1.50	8.07	4.04	4.04
哈郑直流	65.8	61.3	7.20	4.53	2.27	2.27
宁东直流	53.5	50.8	7.00	2.69	1.34	1.34
宁绍直流	71.4	65.9	6.50	5.55	2.77	2.77
酒湖直流	70.1	60.2	6.50	9.86	4.93	4.93
溪广线	53.2	49.5	6.50	3.72	1.86	1.86
云南送广东	80.2	75.5	6.57	4.73	2.37	2.37
贵州送广东	80.2	75.5	7.05	4.73	2.37	2.37
云南送广西	57.2	53.8	2.98	3.37	1.69	1.69
贵州送广西	57.2	53.8	3.47	3.37	1.69	1.69
天生桥送广东	63.2	59.5	5.63	3.73	1.86	1.86
天生桥送广西	40.2	37.8	2.00	2.37	1.19	1.19

注：自 2019 年 7 月 1 日起实施。

数据来源：国家发展和改革委《关于降低一般工商业电价的通知》。

表7-14　区域电网输电价格表

单位：元/千瓦时

区域	电量电价	容量电价	
		单位	水平
华北	0.0071	北京	0.0175
		天津	0.0129
		冀北	0.0048
		河北	0.0035
		山西	0.0011
		山东	0.0018
华东	0.0095	上海	0.0072
		江苏	0.0034
		浙江	0.0046
		安徽	0.0039
		福建	0.0023
华中	0.0100	湖北	0.0015
		湖南	0.0007
		河南	0.0009
		江西	0.0006
		四川	0.0004
		重庆	0.0019
东北	0.0087	辽宁	0.0031
		吉林	0.0034
		黑龙江	0.0031
		蒙东	0.0041
西北	0.0200	陕西	0.0012
		甘肃	0.0029
		青海	0.0017
		宁夏	0.0015
		新疆	0.0009

注：实施时间为2020年1月1日至2022年12月31日。

数据来源：国家发展和改革委《关于核定2020—2022年区域电网输电价格的通知》。

表 7-15 居民用电价格

单位：元/千瓦时

地区＼指标	2015	2016	2017	2018	2019	2020	2021
北　京	495	495	489	481	488	488	488
天　津	503	504	502	501	490	490	490
河北（北网）	514	514	514	510	520	520	520
河北（南网）	507	506	523	522	520	520	520
山　东	537	539	539	540	547	550	547
山　西	493	492	489	488	600	478	477
蒙　东	507	508	499	493	485	485	485
蒙　西	435	436	428	428	415	415	415
辽　宁	512	513	513	512	500	500	500
吉　林	535	532	530	531	525	525	525
黑龙江	521	522	528	525	510	510	510
陕　西	507	506	507	508	498	498	498
甘　肃	512	523	526	508	510	510	510
宁　夏	457	463	463	467	449	488	449
青　海	406	404	404	400	377	377	377
新　疆	534	531	530	480	390	345	345
上　海	571	573	573	575	617	617	617
江　苏	518	520	503	513	528	528	528
浙　江	556	559	557	559	538	538	538
安　徽	569	573	573	576	565	565	565
福　建	551	557	553	540	498	528	498
湖　北	580	574	573	578	558	558	558
湖　南	607	608	610	614	588	588	588
河　南	563	564	558	562	560	560	560
江　西	618	621	620	623	600	600	600
四　川	523	523	505	501	522	522	522
重　庆	537	534	533	537	520	520	520
广　东	646	648	666	659	592	—	—
广　西	563	558	512	515	528	528	528
云　南	472	468	401	402	450	424	424
贵　州	485	484	482	483	456	456	456
海　南	632	632	632	632	608	608	608

注：居民电价均为平段的到户价。

数据来源：2015—2018 年数据来源于国家能源局历年《全国电力价格情况监管通报》；2019—2021 年数据来自各地区发展和改革委《销售电价表》。

第八章　能源效率

第一节 综合能源效率

表 8-1 能源加工转换效率

%

指标 年份	总效率	发电及供热	炼焦	炼油及煤制油
2000	69.4	37.8	96.2	97.3
2001	69.7	38.2	96.5	97.6
2002	69.0	38.7	96.6	96.7
2003	69.4	38.5	96.1	96.4
2004	70.6	38.6	97.1	96.5
2005	71.1	39.0	97.1	96.9
2006	70.9	39.1	97.0	96.9
2007	71.2	39.8	97.5	97.2
2008	71.5	40.5	98.5	96.2
2009	72.4	41.2	98.0	96.7
2010	72.5	42.0	96.4	97.0
2011	72.2	42.1	96.3	97.4
2012	72.7	42.8	95.7	97.1
2013	73.0	43.1	95.6	97.7
2014	73.1	43.5	93.7	97.5
2015	73.4	44.2	92.1	96.9
2016	73.5	44.6	92.8	96.4
2017	73.0	45.0	92.8	96.0
2018	72.8	45.5	92.4	95.6
2019	73.3	45.8	92.6	95.3
2020	73.7	46.2	93.1	95.3
2021	73.2	47.1	93.2	95.4

数据来源： 国家统计局《中国能源统计年鉴 2022》。

表8-2 万元国内生产总值能源消费量

指标\年份	单位 GDP 能耗		单位能耗创造的 GDP
	绝对额 /(吨标准煤/万元)	增速 /%	绝对额 /(元/吨标准煤)
国内生产总值按 2000 年可比价格计算			
2000	1.47	—	6823
2001	1.43	−2.3	6984
2002	1.43	−0.1	6992
2003	1.51	5.6	6620
2004	1.60	6.1	6238
2005	1.63	1.9	6123
国内生产总值按 2005 年可比价格计算			
2005	1.40	—	7167
2006	1.36	−2.8	7371
2007	1.29	−4.8	7744
2008	1.21	−6.1	8249
2009	1.16	−4.2	8608
2010	1.13	−3.0	8876
国内生产总值按 2010 年可比价格计算			
2010	0.88	—	11427
2011	0.86	−2.0	11665
2012	0.83	−3.7	12110
2013	0.79	−3.8	12588
2014	0.76	−4.4	13162
2015	0.72	−5.3	13901
国内生产总值按 2015 年可比价格计算			
2015	0.63	—	15868
2016	0.60	−4.8	16672
2017	0.58	−3.5	17269
2018	0.56	−3.0	17806
2019	0.55	−2.5	18263
2020	0.55	−0.1	18286
国内生产总值按 2020 年可比价格计算			
2020	0.49	—	20388
2021	0.48	−2.4	20886
2022	0.48	−0.1	20912

数据来源：能源消费量数据来自国家统计局历年《中国能源统计年鉴》；GDP 数据来自国家统计局历年《中国统计年鉴》。

表 8-3　单位 GDP 能耗国际比较

TPES/GDP　　国家/地区	按汇率计算		按购买力平价计算	
	吨标准油/万美元	吨标准煤/万美元	吨标准油/万美元	吨标准煤/万美元
世　界	1.5	2.1	1.5	1.4
OECD	0.9	1.3	0.9	1.2
非 OECD	2.3	3.3	2.3	1.6
中　国	**2.1**	**3.0**	**2.1**	**2.0**
美　国	1.0	1.4	1.0	1.4
欧　盟	0.8	1.2	0.8	0.9
印　度	2.7	3.8	2.7	1.2
俄罗斯	4.2	6.0	4.2	2.2
日　本	0.9	1.2	0.9	1.1
加拿大	1.7	2.4	1.7	2.4
德　国	0.7	1.0	0.7	0.9
巴　西	1.9	2.7	1.9	1.2
韩　国	1.7	2.4	1.7	1.8
伊　朗	8.1	11.6	8.1	2.9
沙特阿拉伯	3.1	4.4	3.1	2.1
法　国	0.8	1.1	0.8	0.9
印度尼西亚	1.7	2.4	1.7	0.8
英　国	0.5	0.8	0.5	0.7
墨西哥	1.3	1.8	1.3	0.9
意大利	0.7	1.0	0.7	0.8
土耳其	1.5	2.1	1.5	1.4
澳大利亚	0.9	1.3	0.9	1.2

注：本表数据为 2021 年数据；按汇率计算 GDP 为 2021 年现价美元；按购买力计算 GDP 为 2021 年现价国际元。

数据来源：能源消费数据来自 *BP Statistical Review of World Energy* 2022；GDP 数据来自世界银行官网。

表 8-4　分地区能耗强度

单位：吨标准煤/万元

年份\地区	2015	2016	2017	2018	2019	2020	2021
全　国	0.63	0.59	0.55	0.51	0.49	0.49	0.46
北　京	0.30	0.27	0.25	0.24	0.21	0.19	0.18
天　津	0.50	0.46	0.43	0.42	0.58	0.58	0.52
河　北	0.99	0.93	0.89	0.89	0.93	0.91	—
山　西	1.52	1.49	1.29	1.20	1.23	1.19	0.96
内蒙古	1.06	1.07	1.24	1.33	1.47	1.56	—
辽　宁	0.76	0.95	0.92	0.88	0.95	0.99	0.90
吉　林	0.58	0.54	0.54	0.46	0.61	0.58	0.55
黑龙江	0.80	0.80	0.79	0.70	0.85	0.84	0.82
上　海	0.45	0.42	0.39	0.35	0.31	0.29	0.27
江　苏	0.43	0.40	0.37	0.34	0.33	0.32	—
浙　江	0.46	0.43	0.41	0.39	0.36	0.38	0.36
安　徽	0.56	0.52	0.48	0.44	0.37	0.38	0.36
福　建	0.47	0.43	0.40	0.37	0.32	0.32	0.31
江　西	0.50	0.47	0.45	0.42	0.39	0.38	0.35
山　东	0.60	0.57	0.53	0.53	0.58	0.58	0.54
河　南	0.63	0.57	0.51	0.47	0.41	0.41	0.40
湖　北	0.56	0.52	0.48	0.42	0.38	0.37	0.36
湖　南	0.54	0.50	0.48	0.43	0.40	0.39	0.37
广　东	0.41	0.39	0.36	0.34	0.32	0.30	0.29
广　西	0.58	0.55	0.56	0.53	0.53	0.55	0.53
海　南	0.52	0.49	0.47	0.45	0.43	0.41	0.38
重　庆	0.57	0.52	0.49	0.42	0.38	0.30	0.29
四　川	0.66	0.62	0.56	0.49	0.44	0.44	0.42
贵　州	0.95	0.87	0.77	0.68	0.62	0.60	0.58
云　南	0.76	0.72	0.68	0.65	0.52	0.53	0.49
陕　西	0.65	0.62	0.57	0.53	0.52	0.52	0.49
甘　肃	1.11	1.02	1.01	0.95	0.90	0.90	0.82
青　海	1.71	1.60	1.60	1.52	1.43	1.38	1.40
宁　夏	1.86	1.76	1.88	1.92	2.04	2.02	1.78
新　疆	1.68	1.69	1.60	1.45	1.36	1.38	—

注：GDP 按现价计算；标准量折算采用发电煤耗计算法。

数据来源：2015—2019 年能源消费量数据来自国家统计局历年《中国能源统计年鉴》；2020—2021 年数据来自各省统计年鉴；分地区 GDP 数据来自国家统计局历年《中国统计年鉴》。

第二节 煤炭效率

表8-5 煤矿事故死亡率

指标\年份	死亡人数/人	百万吨死亡率/（人/百万吨）	国有重点煤矿/（人/百万吨）	地方国有煤矿/（人/百万吨）	乡镇煤矿/（人/百万吨）
2000	5798	5.81	0.97	3.46	10.99
2001	5670	5.13	1.88	4.23	15.44
2002	6995	4.94	1.25	3.83	12.12
2003	6434	3.71	1.07	3.00	7.61
2004	6027	3.08	0.93	2.77	5.87
2005	5938	2.81	0.96	1.94	5.53
2006	4746	2.04	0.63	1.91	3.89
2007	3786	1.49	0.31	1.27	3.02
2008	3215	1.18	0.33	1.16	2.37
2009	2631	0.89	0.38	0.80	1.51
2010	2433	0.75	0.29	0.62	1.42
2011	1973	0.56	0.16	0.66	1.10
2012	1384	0.37	0.12	0.42	0.75
2013	1041	0.29	—	—	—
2014	931	0.26	—	—	—
2015	588	0.16	—	—	—
2016	528	0.16	—	—	—
2017	375	0.11	—	—	—
2018	333	0.09	—	—	—
2019	316	0.083	—	—	—
2020	225	0.059	—	—	—
2021	178	0.044	—	—	—
2022	245	0.054	—	—	—

数据来源：2001—2021年数据来自国家煤矿安全监察局网站；2022年数据来自《中华人民共和国2022年国民经济和社会发展统计公报》。

第三节 电 力 效 率

表 8-6 单位 GDP 用电量

年份 指标	单位 GDP 用电量 /（千瓦时/万元）	单位用电量创造的 GDP /（元/千瓦时）
GDP 按 2000 年可比价格计算		
2000	1343	7.4
2001	1355	7.4
2002	1389	7.2
2003	1459	6.9
2004	1529	6.5
2005	1558	6.4
GDP 按 2005 年可比价格计算		
2005	1331	7.5
2006	1354	7.4
2007	1356	7.4
2008	1306	7.7
2009	1280	7.8
2010	1310	7.6
GDP 按 2010 年可比价格计算		
2010	1018	9.8
2011	1041	9.6
2012	1022	9.8
2013	1033	9.7
2014	1026	9.7
2015	961	10.4
GDP 按 2015 年可比价格计算		
2015	842	11.9
2016	832	12.0
2017	837	11.9
2018	851	11.8
2019	841	11.9
2020	852	11.7
GDP 按 2020 年可比价格计算		
2020	764	13.1
2021	776	12.9
2022	780	12.8

数据来源：2000—2021 年用电量数据来自国家统计局《中国电力统计年鉴 2022》，GDP 数据来自国家统计局历年《中国统计年鉴》；2022 年数据来自国家统计局《中华人民共和国 2022 年国民经济和社会发展统计公报》。

表8-7 分地区单位GDP用电量

单位：千瓦时/万元

地区 \ 年份	2015	2016	2017	2018	2019	2020	2021	2022
北 京	413	397	381	377	330	316	306	413
天 津	515	482	462	499	683	691	654	515
河 北	1066	1007	1052	1106	1158	1128	1129	1066
山 西	1361	1377	1282	1353	1374	1388	1192	1361
内蒙古	1426	1437	1797	1939	2122	2304	1983	1426
辽 宁	692	936	928	945	997	1003	969	692
吉 林	464	452	470	498	665	654	637	464
黑龙江	576	583	584	595	748	756	769	576
上 海	560	527	498	480	411	407	405	560
江 苏	730	705	676	662	629	621	610	730
浙 江	829	820	810	807	755	748	750	829
安 徽	745	735	711	712	620	628	632	745
福 建	713	683	657	646	567	569	587	713
江 西	650	639	647	650	620	633	629	650
山 东	859	870	867	861	961	952	890	859
河 南	910	841	760	762	664	655	638	910
湖 北	637	600	570	550	507	503	494	637
湖 南	501	474	467	479	469	462	468	501
广 东	729	694	664	650	622	625	633	729
广 西	827	792	825	856	898	914	933	827
海 南	735	708	683	677	669	656	625	735
重 庆	557	518	511	547	491	475	481	557
四 川	670	638	596	605	565	593	610	670
贵 州	1118	1055	1023	1001	919	890	890	1118
云 南	1057	954	939	939	780	826	788	1057
西 藏	399	426	442	467	459	431	486	399
陕 西	685	759	731	714	741	757	750	685
甘 肃	1618	1479	1560	1564	1477	1526	1459	1618
青 海	2722	2480	2617	2576	2414	2482	2582	2722
宁 夏	3015	2799	2840	2874	2892	2941	2762	3015
新 疆	2350	2449	2367	2309	2209	2300	2210	2350

注：GDP按现价计算。

数据来源：用电量数据来自中国电力企业联合会历年《中国电力统计年鉴》；分地区GDP数据来自国家统计局历年《中国统计年鉴》。

表 8-8 主要电力技术经济指标

指标 年份	发电厂用电率 /%	线损率 /%	发电煤耗率 /(克/千瓦时)	供电煤耗率 /(克/千瓦时)
2000	6.28	7.70	363.0	392.0
2001	6.24	7.55	357.0	385.0
2002	6.15	7.52	356.0	383.0
2003	6.07	7.71	355.0	380.0
2004	5.95	7.55	349.0	376.0
2005	5.87	7.21	343.0	370.0
2006	5.93	7.04	342.0	367.0
2007	5.83	6.97	332.0	356.0
2008	5.90	6.79	322.0	345.0
2009	5.76	6.72	320.0	340.0
2010	5.43	6.53	311.8	333.3
2011	5.39	6.52	308.4	329.1
2012	5.10	6.74	304.8	324.6
2013	5.05	6.69	301.6	321.0
2014	4.85	6.64	299.9	319.0
2015	5.09	6.64	296.9	315.4
2016	4.77	6.49	293.9	312.1
2017	4.80	6.48	291.3	309.4
2018	4.69	6.27	289.9	307.6
2019	4.67	5.93	288.8	306.4
2020	4.59	5.60	287.2	304.9
2021	4.36	5.26	284.8	301.5
2022	—	4.84	—	301.5

注：发电厂用电率、发电煤耗率、供电煤耗率数据为 6000 千瓦及以上电厂数据。

数据来源：2000—2021 年数据来自中国电力企业联合会《中国电力统计年鉴 2022》；2022 年数据来自国家能源局。

表 8-9　分地区发电厂用电率

%

年份 地区	2015	2016	2017	2018	2019	2020	2021
全　国	5.09	4.77	4.80	4.69	4.67	4.65	4.36
北　京	2.80	2.47	2.47	2.61	2.73	2.65	2.71
天　津	6.08	5.98	5.98	5.55	5.34	5.21	5.31
河　北	5.87	5.66	5.51	5.26	5.14	4.80	4.53
山　西	8.44	7.08	6.83	6.72	6.54	6.32	5.92
内蒙古	6.49	6.32	6.40	6.41	6.28	6.05	5.69
辽　宁	6.44	6.39	6.13	5.90	5.63	5.46	5.42
吉　林	6.23	5.92	6.00	5.57	5.92	5.83	5.70
黑龙江	6.22	6.15	6.13	5.86	5.89	5.66	5.74
上　海	4.44	4.52	4.50	4.55	4.54	4.69	4.65
江　苏	5.17	4.59	4.49	4.25	4.33	4.38	4.30
浙　江	4.87	4.83	4.81	4.92	4.96	5.07	4.84
安　徽	4.56	4.57	4.56	4.69	4.62	4.45	4.32
福　建	5.01	3.71	3.82	4.98	3.91	4.15	4.85
江　西	4.69	4.35	4.49	4.31	4.17	4.45	4.61
山　东	6.29	6.12	6.18	5.80	6.26	6.64	5.97
河　南	5.47	5.33	5.64	4.88	4.61	4.36	4.36
湖　北	2.25	2.22	2.14	2.39	2.64	2.18	2.43
湖　南	3.98	4.02	4.12	4.13	3.80	3.42	3.64
广　东	4.96	4.59	4.82	4.91	4.83	4.93	4.45
广　西	2.72	3.33	3.25	3.41	3.60	3.54	3.62
海　南	7.28	7.80	7.35	7.02	6.91	6.68	6.40
重　庆	5.24	4.87	5.02	5.30	5.30	5.10	4.93
四　川	1.53	0.54	0.52	0.64	0.65	0.63	0.68
贵　州	4.56	5.17	5.35	5.15	5.17	4.97	4.99
云　南	1.61	1.01	1.01	0.98	0.85	1.12	1.31
西　藏	3.38	1.10	0.79	0.67	0.52	2.86	0.32
陕　西	6.88	7.04	6.84	6.65	6.23	6.09	5.69
甘　肃	4.06	4.11	3.38	3.20	3.39	3.36	3.45
青　海	1.72	2.07	1.82	1.12	0.82	0.88	1.01
宁　夏	—	—	7.05	6.77	7.17	6.87	6.38
新　疆	5.60	6.51	6.32	6.18	6.79	6.81	4.03

注：本表数据为 6000 千瓦及以上电厂数据。

数据来源：中国电力企业联合会历年《中国电力统计年鉴》。

表 8-10　分地区电力企业线损率

%

地区 \ 年份	2015	2016	2017	2018	2019	2020	2021
全　国	6.64	6.49	6.48	6.27	5.93	5.60	5.26
北　京	6.88	6.88	6.85	6.55	6.15	4.32	4.10
天　津	6.75	6.74	6.72	6.71	6.30	4.75	4.29
河　北	6.68	6.68	6.55	6.65	6.39	5.86	5.47
山　西	6.49	6.17	5.89	5.68	5.50	5.19	5.04
内蒙古	5.72	5.26	5.25	4.20	3.71	3.78	3.82
辽　宁	5.78	6.10	6.07	6.01	5.67	5.01	4.30
吉　林	7.44	7.54	7.49	7.39	7.21	7.20	7.16
黑龙江	7.10	7.00	6.90	7.86	8.70	8.00	7.50
上　海	6.12	6.06	6.03	5.30	2.23	4.29	4.09
江　苏	4.28	4.18	4.08	3.31	3.34	3.30	3.25
浙　江	4.24	4.19	4.13	3.92	3.79	3.72	3.62
安　徽	7.42	7.36	7.18	6.94	6.70	6.20	5.80
福　建	4.75	4.75	4.65	3.63	3.65	3.75	3.68
江　西	6.99	6.95	6.92	6.91	6.37	4.20	4.15
山　东	6.58	6.35	6.01	5.83	5.53	4.33	3.46
河　南	7.87	7.97	7.94	7.84	7.55	7.45	7.05
湖　北	6.58	6.82	6.78	6.75	6.63	5.34	4.70
湖　南	8.80	8.53	8.47	8.16	7.96	7.98	7.94
广　东	4.41	4.09	4.59	4.32	3.87	3.63	3.53
广　西	6.19	5.58	7.94	5.81	5.09	4.61	4.58
海　南	7.24	7.34	7.25	7.17	6.02	5.53	5.34
重　庆	6.80	6.99	6.92	6.73	5.15	4.99	4.93
四　川	9.12	8.92	8.43	8.41	7.78	7.94	7.47
贵　州	6.36	6.28	5.50	6.36	4.69	4.81	4.45
云　南	6.16	4.68	4.64	5.05	4.20	4.31	4.12
西　藏	13.84	13.83	13.74	12.92	12.80	13.10	15.64
陕　西	6.61	6.31	6.25	5.99	5.90	5.22	4.06
甘　肃	6.44	6.64	6.56	6.36	6.30	6.25	5.87
青　海	2.97	3.35	3.49	3.74	3.70	3.70	3.89
宁　夏	3.55	3.55	3.52	3.51	3.50	3.49	3.49
新　疆	7.82	7.92	7.80	7.75	7.85	7.75	7.70

数据来源：中国电力企业联合会历年《中国电力统计年鉴》。

表8-11 分地区发电煤耗率

单位：克/千瓦时

地区 年份	2015	2016	2017	2018	2019	2020	2021
全　国	297	294	291	290	289	286	285
北　京	210	206	204	204	201	196	210
天　津	282	277	273	270	262	261	275
河　北	306	301	297	291	291	288	284
山　西	301	297	297	298	299	294	295
内蒙古	315	310	307	306	302	298	290
辽　宁	292	290	290	291	285	284	284
吉　林	283	283	283	278	273	277	277
黑龙江	307	303	299	293	292	291	294
上　海	287	287	286	285	280	279	282
江　苏	288	283	282	280	278	277	277
浙　江	284	283	282	282	282	281	280
安　徽	288	289	284	275	283	285	284
福　建	294	296	292	291	304	292	290
江　西	295	292	291	284	301	288	284
山　东	303	300	294	291	289	277	274
河　南	298	296	293	289	289	289	288
湖　北	298	295	289	287	287	284	283
湖　南	305	304	295	297	294	293	289
广　东	292	288	282	289	284	281	280
广　西	298	301	293	295	293	294	292
海　南	282	271	281	281	280	281	272
重　庆	306	298	298	297	295	289	287
四　川	304	309	309	309	303	306	303
贵　州	305	302	301	302	300	300	298
云　南	313	315	311	313	308	314	311
西　藏	374	358	366	358	366	370	371
陕　西	306	302	304	304	300	301	298
甘　肃	305	300	299	307	302	296	296
青　海	339	321	310	313	306	300	305
宁　夏	290	298	298	295	302	293	290
新　疆	303	299	295	294	288	288	290

注：本表数据为6000千瓦及以上电厂数据。

数据来源：中国电力企业联合会历年《中国电力统计年鉴》。

表 8-12　分地区供电煤耗率

单位：克/千瓦时

地区＼年份	2015	2016	2017	2018	2019	2020	2021
全　国	315	312	309	308	306	304	302
北　京	215	211	209	209	206	201	215
天　津	300	295	290	286	278	276	291
河　北	326	321	317	309	308	305	301
山　西	326	320	320	321	322	316	317
内蒙古	337	334	331	331	326	321	312
辽　宁	313	310	310	311	304	302	301
吉　林	304	304	304	298	293	297	298
黑龙江	329	324	320	313	313	311	316
上　海	300	301	300	298	293	293	295
江　苏	302	296	295	293	290	290	290
浙　江	298	298	296	296	297	296	294
安　徽	301	303	297	289	297	298	297
福　建	309	311	305	305	304	306	304
江　西	310	306	304	297	301	301	297
山　东	322	318	312	309	308	294	289
河　南	316	314	310	305	305	304	303
湖　北	313	310	304	302	302	299	298
湖　南	323	321	312	312	310	308	304
广　东	310	304	301	304	299	295	293
广　西	319	323	312	313	310	311	308
海　南	307	273	305	304	302	302	289
重　庆	330	320	321	319	318	312	308
四　川	323	329	328	328	322	325	321
贵　州	328	326	326	326	325	323	322
云　南	337	340	337	340	334	339	336
西　藏	403	386	393	387	385	389	420
陕　西	329	326	327	327	322	322	319
甘　肃	324	319	316	324	320	313	313
青　海	371	344	331	335	325	319	325
宁　夏	311	322	322	317	326	315	311
新　疆	325	320	316	314	307	310	312

注： 本表数据为 6000 千瓦及以上电厂数据。

数据来源： 中国电力企业联合会历年《中国电力统计年鉴》。